早餐来了

杨再兴　主编

河北出版传媒集团

河北科学技术出版社

图书在版编目(CIP)数据

早餐来了 / 杨再兴主编. —— 石家庄：河北科学技术出版社, 2016.7

（品质生活）

ISBN 978-7-5375-8387-9

Ⅰ.①早… Ⅱ.①杨… Ⅲ.①食谱 Ⅳ.①TS972.12

中国版本图书馆CIP数据核字(2016)第127536号

早餐来了

杨再兴　主编

出版发行	河北出版传媒集团	
	河北科学技术出版社	
地　　址	石家庄市友谊北大街330号（邮编：050061）	
印　　刷	北京天恒嘉业印刷有限公司	
开　　本	720×1000　1/16	
印　　张	14	
字　　数	224千字	
版　　次	2016年9月第1版	
印　　次	2016年9月第1次印刷	
定　　价	42.80元	

"一日之计在于晨"，早餐是一天中最重要的一餐，其中所含的能量占人体一天所需能量的30%。若早餐营养摄入不足，则很难在午餐和晚餐中补回来。科学的早餐应是低热能、营养均衡的，糖类、脂肪、蛋白质、维生素、矿物质和水一样都不能少，特别是不能缺少膳食纤维。所以，养成每天吃营养早餐的习惯，是每个人"必须"的任务！

人体经过一夜的酣睡，机体储存的能量消耗殆尽，激素分泌进入低谷，身体各器官难以为继，记忆机能处于迟钝状态。吃一顿营养早餐，能使激素分泌很快恢复正常甚至直达高潮，给脑细胞提供亟须的能量，给身体补以必需的营养，让我们幸福精彩地开始新的一天，让身体一整天都充满活力、维持最佳的状态！

contents  目录

Part 1　暖胃粥·汤

Part 2 　舒心面条

Part 3　饺子·馄饨

Part 4　米面早餐

Part 5　洋式早餐

Part 1 暖胃粥·汤

🐷 原料

牛肉500克，白萝卜100克。

🍴 调料

姜片5片，葱花10克，食盐1/2匙。

🥄 制作方法

1. 将牛肉切成块，放入沸水余烫，捞出备用。
2. 白萝卜去皮洗干净，切成块，放入沸水中余烫备用。
3. 将牛肉块、白萝卜块放入汤锅中，加入水和姜片，以小火煮3小时，再加入食盐调味和撒上葱花即可。

萝卜牛肉汤

小提示

萝卜牛肉汤
● 白萝卜具有促进消化、增强食欲、加快胃肠蠕动和止咳化痰的作用。

台式咸粥
● 香菇含有多种维生素、矿物质，对促进人体新陈代谢，提高机体适应力，有很大的作用。

台式咸粥

🐷 原料

米饭350克，猪肉丝、虾米、芹菜粒、油葱酥、香菇各适量。

🍴 调料

高汤900毫升，食盐、白糖、米酒、食用油、小葱花、淀粉各适量。

🥄 制作方法

1. 猪肉丝洗净，加入食盐、淀粉和米酒各少许腌制1分钟。
2. 香菇洗净泡软切丝，虾米洗净，泡入加少许米酒的水中浸泡至软，捞出沥干。
3. 油锅烧热，放入猪肉丝、香菇丝、虾米和芹菜粒炒熟，倒入高汤煮开，加入米饭煮到浓稠，加食盐调味，撒上油葱酥和小葱花即可。

原料

绿豆2大勺，大米2大勺，南瓜150克，百合少许。

调料

冰糖适量。

制作方法

① 绿豆洗净，用温水浸泡半小时，南瓜洗净去瓤，切块，大米、百合一同洗净。

② 将绿豆、大米、百合和南瓜一同放入锅中，再加适量水用大火烧开。

③ 烧开后撇去浮沫，转小火煮1小时，熬至南瓜、大米和绿豆充分融合后就差不多煮熟了。

④ 最后可根据自己的口味放入适量的冰糖，待冰糖溶化之后即可出锅。

小提示

绿豆南瓜粥
● 绿豆性凉味甘，无毒，入心、胃经，具有清热解暑、利水消肿、润喉止渴、明目降压、止泻等功效。

绿豆南瓜粥

酸汤豆腐丸子

🍲 原料

豆腐丸子200克。

🍴 调料

细香葱1小把，食盐、香醋、味精、香油、胡椒粉各适量。

🥄 制作方法

1. 香葱洗净，切末，与食盐、味精、香醋、香油、胡椒粉调成液汁。
2. 锅中倒入清汤煮至微沸，放入豆腐丸子。
3. 中小火保持水面微沸煮五六分钟。
4. 煮好的豆腐丸子连汤带丸子一起冲入调好料的碗中即可。

小提示

酸汤豆腐丸子
● 豆腐为补益清热养生食品，常食之，可补中益气、清热润燥、生津止渴、清洁肠胃。更适于热性体质、口臭口渴、肠胃不清、热病后调养者食用。

原料

豆腐100克，油菜1小把。

调料

食盐、味精各适量。

制作方法

1. 将豆腐洗净，切成小块，油菜洗净切段。
2. 锅内放水加一勺食盐，放入切好的豆腐煮沸。
3. 将煮好的豆腐捞出放入盘中。
4. 将豆腐放入锅内加水。
5. 然后把洗净的油菜放入。
6. 煮至油菜变熟加少许食盐、味精调味即可。

小提示

油菜豆腐汤
● 油菜具有显著的抑制血小板聚集、抗血栓的功效。

油菜豆腐汤

米粉汤

 原料

新鲜细米粉600克，猪肉100克，菠菜30克，虾仁10克，鱼豆腐片50克。

调料

高汤2000毫升，食盐1小匙，猪油25克，胡椒粉少许。

制作方法

1. 猪肉洗净，切片，氽水后备用。
2. 将细米粉放入温水中清洗，将菠菜洗净切段，氽水后备用。
3. 热锅加入猪油，将虾米放入爆香，并以小火拌炒熟后捞起。
4. 取汤锅倒入高汤煮滚，加入米粉及食盐，转小火煮约50分钟即可，食用前放入猪肉片和菠菜、虾仁、鱼豆腐片及胡椒粉即可。

 小提示

米粉汤
● 米粉含蛋白质、糖类等成分，具有健脾功效，适于脾胃虚弱者食用。

🐹 原料

米饭200克，瘦猪肉50克，皮蛋块50克。

🍴 调料

高汤700毫升，盐1/8茶匙，香油1/2茶匙，白胡椒粉、香菜各少许。

🍶 制作方法

① 将米饭放入碗中，加入约50毫升高汤，将瘦肉切条，煮熟。

② 取锅，将剩余高汤倒入锅中煮开，煮开后转小火，续煮约5分钟至米粒糊烂。

③ 加入猪肉、皮蛋块，并用大汤匙搅拌均匀，再煮约1分钟后加入盐、白胡椒粉、香油拌匀，撒上香菜即可。

皮蛋瘦肉粥

小提示

皮蛋瘦肉粥
● 猪肉具有润肺、养阴止血、凉肠、止泻、降压之功效。

开胃牛肉汤
● 此汤具有消积滞、化痰清热、下气宽中的食疗效果。

开胃牛肉汤

🐹 原料

牛肉200克，洋葱150克。

🍴 调料

橄榄油、油、盐、胡椒粉、鸡精、生姜片各适量。

🍶 制作方法

① 牛肉洗净切块，焯水，洗净血沫。

② 加适量的水，放入胡椒粉、生姜片炖至牛肉酥烂。

③ 洋葱洗净，切成小块。

④ 锅中注油，油热后加入洋葱。

⑤ 中火翻炒两分钟，加入熬好的牛肉汤。

⑥ 烧开加盐、鸡精、橄榄油调味即可。

🍲 原料

三黄鸡1只，薏苡仁、小人参、红枣、枸杞各适量。

🍴 调料

香油、料酒、食盐、姜丝、红椒圈、大葱、蒜、白胡椒粉各适量。

🍳 制作方法

① 将三黄鸡在清水中冲洗干净，剁去鸡头、脖子、鸡爪备用。将薏苡仁在水中浸泡1个小时后沥干，红枣洗净，大葱切成葱段。

② 往鸡肚子里放入糯米、蒜、薏苡仁、小人参。

③ 然后在鸡腿内的两侧用刀开个小口，把鸡腿交叉插入小口里面。

④ 把鸡放入锅中，放入没过鸡2厘米左右的清水。

⑤ 再放入其他的小人参、红枣、枸杞、食盐、料酒、姜丝、红椒圈、白胡椒粉，用大火煮30分钟后转小火炖1小时。

⑥ 鸡煮熟后，把鸡捞出来放入汤盆中，撒上大葱段，淋香油即可。

 小提示

人参鸡汤

● 鸡肉含丰富的蛋白质，其脂肪中含不饱和脂肪酸，是老年人和心血管疾病患者较好的蛋白质食品。

人参鸡汤

韩式牛尾汤

 原料

牛尾150克，红枣、枸杞各适量。

调料

食盐、黑胡椒、辣椒粉、姜末、葱末、蒜末各适量。

制作方法

1. 牛尾沿骨缝儿切成4~5厘米长的块，洗净，去除多余油脂，用清水浸泡去血水。
2. 去过血水的牛尾用开水焯一下，焯后捞出，清水洗一下，待用。
3. 红枣洗净去掉小蒂，枸杞洗净待用。
4. 锅中加入适量清水，放入牛尾段、葱末、姜末、蒜末。
5. 盖盖儿，炖煮大约1小时。
6. 煮好后，放入大枣、枸杞、食盐、黑胡椒、辣椒粉搅匀。
7. 焖一刻钟出锅即可。

小提示

韩式牛尾汤
● 牛尾含有蛋白质、脂肪、维生素等成分，有补中益气、健脾益胃的作用。

🐚 原料

红豆50克，糯米、花生各1大勺，葡萄干50克，红枣10颗，百合4克，干莲子15克，枸杞少许。

🍴 调料

冰糖100克。

🥄 制作方法

1. 将红豆、花生、百合及干莲子洗干净，用水泡2小时，然后放小锅里，加300毫升水浸盖，中火煮30分钟，保留煮豆汤。
2. 红枣洗净，去核，葡萄干洗净。
3. 糯米淘净，泡2小时，沥干水分。
4. 将红豆、花生及干莲子、红枣、葡萄干、糯米、百合、枸杞倒入煮豆汤中，煮1~2小时，其间，用勺子偶尔搅一下，加冰糖调味即可。

营养八宝粥

小提示

营养八宝粥
● 红枣有养颜护肤、通血、降糖消渴、调经、养阴补虚的功效。

猪肝粥
● 猪肝有补肝、明目、养血的功效。

🐚 原料

米饭150克，猪肝120克，菠菜少许。

🍴 调料

高汤700毫升，食盐、食油、姜和淀粉各适量。

猪肝粥

🥄 制作方法

1. 将猪肝洗净切片，用油、淀粉、食盐、姜腌渍。将米饭放入碗中，加入约50毫升高汤，用大匙将米饭压散备用。
2. 将高汤倒入小汤锅中煮开，将压散的米饭倒入高汤中，煮开后关小火，续煮5~10分钟至米粒略糊，放入猪肝片并用大匙搅拌均匀。
3. 再煮约1分钟后放入菠菜即可。

西红柿丸子汤

📖 原料

肉馅150克，胡萝卜1根，西红柿1个，小青菜1把。

🍶 调料

少量生粉，料酒、食盐、麻油、生抽、葱花各适量。

🍳 制作方法

1. 将肉馅搅拌成肉泥备用。
2. 肉泥中加一勺生抽、少量生粉、料酒，胡萝卜洗净切细末，加入肉泥中用筷子顺时针搅拌均匀。
3. 炒锅内烧开热水，要用小火，将肉馅用手搓成肉丸子放入热水中小火慢烧。
4. 小青菜洗净切段，西红柿洗净，切片。
5. 加一勺油放入锅内，烧开，加入小青菜、西红柿。
6. 锅内加一勺生抽、少量食盐烧开，加少量麻油，撒上葱花就可以了。

> **小提示**
>
> 西红柿丸子汤
>
> ● 西红柿能抵抗衰老，增强免疫系统，减少疾病的发生，西红柿中的番茄红素还能降低眼睛黄斑的退化、减少色斑沉着。

罗宋汤

🥘 原料

牛腩100克，大白菜半棵，面粉30克，番茄1个，洋葱1个。

🍴 调料

食盐5克，黄油30克，番茄沙司50克，姜片少许。

🍲 制作方法

1. 大白菜洗净，切丁，洋葱洗净切丝备用。
2. 牛腩洗净后，放入锅内，加入适量水，放入姜片，煮开3分钟焯去血水。
3. 另起汤锅，将焯水的牛腩放入汤锅中，加入足量的水，大火烧开后改小火慢炖1个半小时。
4. 番茄洗净切丁备用。
5. 锅内加入20克黄油，先爆香洋葱丝，再加入食盐和白菜丁一起翻炒片刻，加入到熬好的牛肉高汤中炖煮20分钟。
6. 炒锅内加入10克黄油，爆炒番茄丁，待番茄炒软出汁，加入番茄沙司后炒匀。
7. 将炒好的番茄连同汁水一起倒入汤锅中继续炖煮片刻即可。

小提示

罗宋汤
● 牛腩可以帮助我们提高自身骨骼的韧性与强度，尤其是一些正在生长发育的年轻人。

🐮 原料

豆腐100克，木耳50克，鸡蛋2个，红辣椒、冬笋、黄花菜各适量。

🍴 调料

香油、香菜段各10克，胡椒粉30克，鸡精15克，淀粉20克，食盐15克，醋50克。

制作方法

1. 豆腐顶刀切成长3厘米，宽0.5厘米的小段。
2. 泡发的木耳切丝，泡发的黄花菜切寸段，冬笋和红辣椒洗净切丝。
3. 鸡蛋2个，打入碗中打匀，取小碗，将胡椒粉、醋调匀备用。
4. 香菜洗净切末，取小碗，放淀粉，加少许清水。
5. 锅中加水，大火烧开，放切好的豆腐段、冬笋丝、木耳丝、黄花菜、红辣椒丝，焯水。
6. 焯几分钟捞出放入凉水中，捞出沥干水分。
7. 锅中加1500毫升清水，大火烧开，加入食盐、鸡精。
8. 放入焯好的豆腐段、冬笋丝、木耳丝、黄花菜、红辣椒丝继续大火烧开；用水淀粉勾芡。
9. 将打好的鸡蛋撒在上面，和好的醋和胡椒粉倒入汤中，淋香油，出锅，撒香菜段即可。

> **小提示**
>
> 酸辣汤
> ● 此汤可以增强免疫力，美容养颜，抑制血栓的形成，增加造血功能，加速伤口愈合。

酸辣汤

红枣紫米粥

🐗 原料

红枣10颗，糯米50克，紫米100克。

🍴 调料

蜂蜜、红糖、玫瑰糖各适量。

🍶 制作方法

1. 紫米、糯米洗干净，浸泡2小时左右。
2. 红枣洗净，切片。
3. 锅置火上，放入红枣、糯米、紫米大火煮沸，改小火熬煮至黏稠，加入红糖、玫瑰糖继续熬煮15分钟。
4. 把熬好的粥晾凉，加入蜂蜜拌匀即可。

乡间紫薯粥

🐗 原料

大米200克，紫薯300克，白果少许。

🍴 调料

白糖适量。

🍶 制作方法

1. 紫薯洗净，切块，大米、白果洗净备用。
2. 紫薯削皮，切成滚刀块。
3. 水开之后下入大米。
4. 然后加入紫薯块和白果。
5. 大火烧开之后转中小火煮10分钟后，加点白糖即可。

小提示

红枣紫米粥
● 红枣具有舒筋活血、滋补肝肺的功效。

乡间紫薯粥
● 紫薯粥是一道养生保健的佳品，具有养胃的作用，还有补血的功能。

小提示

香菇鸡块粥
● 鸡肉的消化率高，很容易被人体吸收利用，有增强体力、强壮身体的作用。

黄金小米粥
● 小米具有清热解渴、健胃除湿、安眠的功效。

原料

鸡肉300克，香菇10朵，大米200克。

调料

葱1/2棵，姜1块，白胡椒粉、植物油、食盐、味精各适量。

制作方法

1. 大米洗净放入电砂锅内加入适量开水熬粥。
2. 鸡肉切薄片，加入白胡椒粉、食盐、植物油拌匀腌制入味。
3. 香菇洗净切薄片，葱切碎，姜切丝。
4. 将粥熬至大米开花放入香菇片熬半小时，放入鸡肉，再熬10分钟，撒上姜丝、葱花调匀即可。

原料

小米100克。

调料

食用碱1茶匙。

制作方法

1. 小米洗净，锅中放入约800毫升水，然后放入小米。
2. 大火烧开，用勺子搅拌避免粘锅底。
3. 加一小勺食用碱，轻轻搅匀。
4. 盖上锅盖转小火慢慢煨。10分钟后即可关火，用勺子搅匀，即可食用。

香菇鸡块粥

黄金小米粥

🍲 原料

西蓝花1/2棵，胡萝卜1/2根，大米200克，玉米1/2根，丝瓜50克，枸杞少许。

🍴 调料

鸡汤800毫升，盐、胡椒粉、香油、味精各适量。

🥄 制作方法

1. 将全部蔬菜洗干净，均用沸水焯一下，西蓝花掰成小朵，胡萝卜丝分别切成小丁，玉米掰成颗粒，大米洗干净后用水浸泡1小时。
2. 加适量的水，滴两滴香油，大米煮开后，中小火煮到粥黏稠之后，胡萝卜丁先过油炒一下就盛入粥里。
3. 胡萝卜入锅后，把玉米粒、丝瓜丁放进粥里，煮10分钟左右，就放适量的盐、香油、味精、白胡椒粉调味，最后放西蓝花，再煮2~3分钟后放少许枸杞即可。

小提示

田园时蔬粥
● 西蓝花含有丰富的抗坏血酸，能增强肝脏的解毒能力，提高机体免疫力。

田园时蔬粥

木瓜粥

🐷 原料

小米100克，木瓜200克。

🍴 调料

白砂糖适量。

🍳 制作方法

① 将木瓜冲洗干净，用冷水浸泡后，上笼蒸熟，趁热切成小块。

② 小米淘洗干净，用冷水浸泡半小时，捞起，沥干水分。

③ 锅中加入约1000毫升冷水，放入小米，先用旺火煮沸后，再改用小火煮半小时，下入木瓜块，用白砂糖调好味，续煮至粳米软烂，即可盛起食用。

> **小提示**
>
> 木瓜粥
> ● 木瓜性温味酸，平肝和胃，舒筋络，活筋骨，降血压。

原料

火腿丁50克，玉米500克，枸杞少许。

调料

鸡汤150克，玉米奶油100毫升，香油、盐各适量。

制作方法

① 将一部分玉米粒放入搅拌杯。

② 把100毫升鲜奶油也倒入搅拌杯，一起搅打均匀。

③ 把玉米奶油汁倒入煮锅中，再倒入鸡汤。

④ 汤煮开后，倒入少许玉米粒、火腿丁、枸杞，加盐、香油调味即可。

玉米浓汤

小提示

玉米浓汤
● 玉米能清除体内废物，帮助脑组织里氨的排除，故常食可健脑。

排骨海带汤
● 海带对防治动脉硬化、高血压、慢性肝炎、贫血等疾病，都有较好的效果。

排骨海带汤

原料

排骨250克，水发海带100克。

调料

食盐、黑胡椒、辣椒粉、姜片各适量。

制作方法

① 将排骨和姜片冷水下锅，煮开，汆去血水后捞出。

② 在另一煨汤锅中烧锅开水。

③ 再下入几片姜片，大火煮开。

④ 将排骨放入烧开的锅中，再转为小火微炖。

⑤ 小火炖煮10分钟后加入海带，再炖30分钟，加入食盐、黑胡椒、辣椒粉调味即可。

🍲 原料

什锦鱼丸300克，生菜50克，西红柿适量。

🍴 调料

香菜、红辣椒段、罐装鸡汤各适量。

🥄 制作方法

1️⃣ 生菜洗净，撕成块，西红柿洗净切片。
2️⃣ 鱼丸放入砂锅，倒入罐装鸡汤，放入红辣椒段。
3️⃣ 大火烧开，转成小火煮到鱼丸漂起。
4️⃣ 把香菜撒入锅中，放少许西红柿片和花生米即可。

> **小提示**
>
> 鸡汤炖鱼丸
> ● 鸡汤具有滋补健胃、利水消肿、通乳、清热解毒、止嗽下气的功效，对心血管系统有很好的保护作用。

鸡汤炖鱼丸 ▶

排骨番茄土豆汤

🐷 原料

排骨200克，土豆200克，番茄100克。

🥄 调料

食盐、白胡椒粉各适量。

🥢 制作方法

① 排骨洗净剁成小块，番茄切块，土豆去皮切块。

② 炒锅放少许油，放入番茄、土豆略加拌炒，关火备用。

③ 另起锅，锅内放清水，放入排骨，大火煮开后，撇去浮沫，水变清后小火炖30分钟。

④ 加入炒好的番茄、土豆重新煮开后，小火煲30分钟左右。

⑤ 放少许食盐和白胡椒粉调味即可。

排骨番茄土豆汤

● 土豆含有大量膳食纤维，能宽肠通便，帮助机体及时排出代谢毒素，预防肠道疾病的发生。

原料

白萝卜1根，鲫鱼1条，枸杞少许。

调料

姜片、葱花、调和油、料酒、食盐、白胡椒粉各适量。

制作方法

1 白萝卜洗净去皮，切丝备用。

2 小火将锅烧热，放油，爆香姜片。

3 将鲫鱼洗净，去掉鱼肚子里的黑膜，清洗干净。

4 将鲫鱼放入油锅，煎至一面定型后，翻过来煎另一面，煎至两面金黄，倒少许料酒进去。

5 大火烧开，改为中火煮5分钟。

6 将萝卜丝放入锅内，大火烧开后，撇去浮沫。

7 改为中火煮10分钟，加入适量的胡椒粉、食盐进行调味。

8 出锅前，撒少许香葱末和枸杞即可。

小提示

萝卜丝鲫鱼汤

● 鲫鱼是肝肾疾病、心脑血管疾病患者的良好蛋白质来源，常食可增强抗病能力，肝炎、肾炎、高血压、心脏病、慢性支气管炎等疾病患者可经常食用。

萝卜丝鲫鱼汤

枸杞腰花粥

原料

粳米250克，猪腰1个，枸杞适量。

调料

生抽1大匙，食盐1/2匙，砂糖1小匙，食用油1大匙，姜1小块。

制作方法

1 粳米洗干净，加入适量清水，大火煮开转中小火慢慢煮至黏稠。

2 姜去皮，切成姜蓉。

3 猪腰洗干净，用刀从中间切开，去除白色的筋和猪臊子，切成腰花。

4 把切好的猪腰花和姜蓉放入碗里，加入所有调料，搅拌均匀并腌制10分钟。

5 腌制好的腰花加入熬好的粥中，并搅拌一下，盖上锅盖，大火煮开后撒上枸杞即可。

小提示

枸杞腰花粥

● 猪腰具有补虚益精、消渴之功效，适宜于气血不足、营养不良、脾胃薄弱的人食用。

原料

牛肉50克，大米50克，鸡蛋1个。

调料

生抽1/2茶匙，料酒、食盐、淀粉、姜末、葱末、植物油各适量。

制作方法

1. 大米洗净，浸泡30分钟。
2. 牛肉切片，加入生抽、食盐、淀粉腌制好备用。
3. 将姜末、葱末放入油锅烧热，爆香。
4. 加1000毫升清水煮沸，放入大米，待米粒开花，下牛肉片，盖上锅盖，小火焖熟牛肉。
5. 将鸡蛋打入锅中，微凝固，将葱花撒上即可。

窝蛋牛肉粥

小提示

窝蛋牛肉粥
● 牛肉具有补中益气、滋养脾胃、止渴止涎的功效。

红薯粥
● 红薯开胃消食，有减肥的功效。

红薯粥

原料

黄心红薯150克，大米150克，红枣1颗。

调料

冰糖80克。

制作方法

1. 红薯洗干净，去皮切成片煮熟备用。
2. 红枣洗干净备用。
3. 大米洗干净，泡水30分钟后沥干水分备用。
4. 汤锅中倒入水，加入大米以中火煮开，改转小火加盖焖煮约20分钟，最后放入红薯块、红枣和冰糖即可。

🐚 原料

西红柿2个，鲫鱼1条。

🍴 调料

姜片、料酒、调和油、食盐、白胡椒粉各适量。

制作方法

1 西红柿洗净切块。

2 将鲫鱼清洗干净，油锅烧热，放入姜片爆香，放入鲫鱼炸至两面金黄，倒入少许料酒。

3 大火烧开后改中火煮至5分钟，将西红柿块放入锅中，中火煮10分钟，加入适量食盐、白胡椒粉调味即可。

小提示

西红柿鲫鱼汤
● 此汤具有止血、降压、利尿、健胃消食、生津止渴、清热解毒、凉血平肝的功效。

西红柿鲫鱼汤

鸡丝榨菜条汤

🥘 原料

鸡肉100克，细粉条50克，榨菜条80克。

🍴 调料

红辣椒、香菜、葱、盐、味精、高汤、香油、食用油各适量。

🍶 制作方法

1. 将细粉条洗净，切成长段。
2. 将细粉条段放入沸水锅中烫片刻，捞出过凉。
3. 葱白切丝、葱叶切花；红辣椒切圈。
4. 将鸡肉洗净，下入开水锅中焯熟，捞出撕成丝。
5. 锅里倒入适量的油，油爆热后，放入榨菜条爆香。
6. 锅中添入适量的高汤，放入细粉条段和熟鸡丝，煮沸，加盐、味精调味。
7. 起锅倒入汤碗中，撒入香菜、葱白丝、葱花、红辣椒圈，淋入香油即可。

小提示

鸡丝榨菜条汤
● 此汤具有活血消肿、益气强身的食疗效果。

山药枸杞粥

🐷 原料

大米100克，铁棍山药200克，枸杞10克。

🍴 调料

冰糖适量。

🥄 制作方法

1. 大米淘洗后，浸泡30分钟，山药洗干净，去皮，切块。
2. 锅内加1000毫升水沸腾后，放入大米，搅匀，再次沸腾时放入山药，边煮边用勺搅动。
3. 5分钟后盖上锅盖，转小火慢煮。
4. 待汤汁黏稠，米粒开花时，放入冰糖，搅匀。
5. 待冰糖溶化，放入枸杞，稍煮片刻即可食用。

小提示

山药枸杞粥
● 山药有健脾胃、益肺肾、镇定心神、助眠之功效。

紫薯银耳粥
● 紫薯具有提高肝脏解毒能力、保护肝脏、增强机体抗病毒的免疫能力。

紫薯银耳粥

🐷 原料

大米50克，银耳20克，紫薯片40克，枸杞少许。

🍴 调料

冰糖适量。

🥄 制作方法

1. 大米淘洗干净，浸泡2小时，银耳泡发，去蒂，洗净，撕成小朵备用。
2. 锅置火上，倒入适量清水煮沸，放入大米再煮沸。
3. 放入银耳、紫薯片、枸杞，改小火煮至大米开花熟透，放冰糖煮至化开即可。

甜栗粥

🐾 原料

糯米、大米各100克，熟板栗子10个，枸杞适量。

🍴 调料

冰糖适量。

🥄 制作方法

1. 糯米和大米淘洗干净，提前放入清水里浸泡，再与适量清水一起放入锅中，加入枸杞大火煮开后转小火煮约30分钟，搅拌均匀。
2. 熟板栗切小块。
3. 加入板栗块，继续煮约20分钟至粥黏稠即可。

> **小提示**
>
> 甜栗粥
> ● 板栗具有养胃健脾、补肾强筋、活血止血的功效。

排骨高汤粥

🍖 原料

排骨适量，胡萝卜1/4根，白萝卜1/4根，大米半杯。

🍴 调料

料酒15毫升，食盐适量。

🥢 制作方法

1. 将胡萝卜、白萝卜洗净切块，大米洗净。
2. 排骨洗净，倒入砂锅，加入清水至最高水位线，加入料酒。
3. 大火烧开，撇去浮沫，转小火炖半个小时。
4. 加入大米，搅拌均匀，继续小火煮20分钟。
5. 加入胡萝卜块、白萝卜块，搅拌均匀后再煮8分钟左右。
6. 关火，加食盐调好味道即可。

小提示

排骨高汤粥
● 排骨含有丰富的肌氨酸，可以增强体力，让人精力充沛。

原料

鸭子1只，白萝卜1根。

调料

酸萝卜汤料、香菜各适量。

制作方法

① 将白萝卜洗净切块，鸭子洗净后剁成小块，在烧开的水中，将鸭块焯烫一下撇去浮沫，以去腥去油。

② 将焯过水的鸭块沥干水分放入汤煲中，倒入没过鸭块的清水。

③ 接着放入白萝卜块。

④ 将酸萝卜汤料倒入汤煲中。

⑤ 盖上盖子开火，水开后调小火进行煲制。

⑥ 1~2小时后放入香菜即可。

小提示

酸萝卜老鸭汤

● 萝卜味甘、辛，性凉，具有清热生津、凉血止血、下气宽中、消食化滞、开胃健脾、顺气化痰的功效。

酸萝卜老鸭汤

🦐 原料

豌豆30克，虾仁50克，米饭1小碗，枸杞少许。

🍴 调料

葱花、色拉油、香菜、盐各适量。

🍯 制作方法

1. 将米饭倒入锅中，冲入适量开水，淋入1勺色拉油，用大火煮开后加入豌豆，转小火煮5～10分钟。
2. 加入虾仁，搅拌均匀，续煮至虾仁熟。
3. 最后撒上葱花、香菜和枸杞，加入盐调味即可。

滋补虾仁粥

小提示

滋补虾仁粥
● 虾仁具有补脾、和胃、清肺的功效。

黄瓜皮蛋汤
● 皮蛋具有清热消炎、养心养神、滋补健身的功效。

🦐 原料

黄瓜1根，皮蛋2个。

🍴 调料

姜、盐、花生油各适量。

🍯 制作方法

1. 黄瓜洗净切片，皮蛋切块，姜洗净切片。
2. 热锅下油，把皮蛋倒入锅中稍微翻炒几下。
3. 另取一锅倒进两碗水并加进姜片烧开后，加进黄瓜。
4. 等再次煮开后加进皮蛋和少许盐即可。

黄瓜皮蛋汤

番茄蛋花汤

🥘 原料

西红柿1个，鸡蛋2个。

🍴 调料

姜末、食盐、小葱花、胡椒粉、色拉油各适量。

🍳 制作方法

1) 番茄洗净切小块，鸡蛋打散成蛋液。

2) 热锅上油，下姜末炝锅，倒入番茄块炒软。

3) 加一碗清水，大火烧开后再煮3分钟左右。

4) 冲入蛋花略停顿几秒，待蛋花凝固后用筷子划散，加食盐、胡椒粉调味，撒上葱花即可。

小提示

番茄蛋花汤
● 西红柿具有较强的清热解毒、抑制病变的功效。

百合南瓜粥

原料

南瓜400克，干百合40克。

制作方法

1 干百合提前放入水中泡发、洗净，呈白色的瓣状。

2 南瓜去皮、瓤、籽，洗净，切成小块。

3 锅中加入600毫升水，倒入南瓜块。

4 盖上锅盖，留出缝隙，大火煮沸。

5 大火烧开几分钟，转小火，待南瓜软烂，用勺子把南瓜压成泥状。

6 将南瓜泥搅匀，小火续煮。

7 把泡好的百合倒进去，略煮一会儿即可。

小提示

百合南瓜粥
● 此粥甘凉清润，可清肺润燥止咳，清心安神。

原料

粳米50克，鲜香菇60克，牛肉（前腿）30克，西红柿1个。

调料

葱末15克，姜片10克，猪油10克，盐3克，味精3克。

制作方法

① 将香菇去梗洗净，挤干切块。

② 牛肉洗净切块，粳米淘洗干净。

③ 西红柿切块备用。

④ 将香菇、牛肉、粳米共同放入锅内，加水3杯，用小火熬至肉烂米熟。

⑤ 加西红柿块、葱末、姜片、猪油、盐、味精再煮3分钟即可。

小提示

香菇牛肉粥

● 香菇含有嘌呤、胆碱、酪氨酸、氧化酶以及某些核酸物质，能起到降血压、降胆固醇、降血脂的作用，又可预防动脉硬化、肝硬化等疾病。

香菇牛肉粥

🍲 原料

羊后腿肉500克，土豆200克，黄芪适量。

🍴 调料

葱末、白酒、花椒粉、盐、生姜片各适量。

制作方法

① 羊肉洗净切片，小土豆去皮切厚片。

② 羊肉冷水下锅，烧开撇去浮沫。

③ 汤内放入生姜片、葱末、花椒粉、白酒，小火炖30分钟。

④ 汤内加入土豆、黄芪小火炖20分钟。

⑤ 起锅前加入盐调味即可。

> **小提示**
>
> 黄芪羊肉汤
> ● 羊肉有益气固表、利水消肿、脱毒、生肌的功效，适用于自汗、盗汗、血痹、水肿等症。

黄芪羊肉汤

冰糖莲子羹

🍲 原料

银耳、莲子、桂圆、枸杞各适量。

🍴 调料

冰糖适量。

🍳 制作方法

1. 将银耳放入冷水中充分泡软，去除杂质，再放入温水继续泡发，除去根蒂。
2. 将泡发好的银耳放入锅中，加入500克清水，以大火煮滚。
3. 煮滚后倒入莲子转小火继续煮，直到银耳、莲子完全柔软，汤汁变浓稠时，加入冰糖、桂圆和枸杞继续煮，待冰糖完全溶化后熄火即可。

紫米红豆粥

🍲 原料

紫米50克，红豆30克，糯米20克。

🍴 调料

冰糖适量。

🍳 制作方法

1. 红豆提前洗净用清水浸泡。
2. 锅中放入约1000毫升水，大火烧沸，先把红豆下进去煮几分钟。
3. 放入紫米和糯米。
4. 放完米后用勺子搅一搅，防止粘锅。
5. 转小火，盖上锅盖，文火慢煮30~45分钟。
6. 煮至汤汁黏稠，红豆开花，加入冰糖。
7. 再略煮片刻，待冰糖溶化，即可盛出食用。

小提示

冰糖莲子羹
- 莲子有益气补血、健脾和胃、补血、治虚损之功效。

紫米红豆粥
- 紫米有益气补血、暖胃健脾、滋补肝肾、缩小便、止咳喘等作用。

紫菜蛋花汤

🍲 原料

紫菜50克，鸡蛋2个，虾米10克，西红柿半个。

🍴 调料

精盐、味精、香菜、香油各适量。

🥄 制作方法

1. 将紫菜洗净撕碎放入碗中，加入适量的虾米。
2. 将西红柿洗净，切块备用。
3. 在锅中放入适量的水烧开，然后淋入拌匀的鸡蛋液。
4. 等鸡蛋花浮起时，加西红柿、盐、味精，然后将汤倒入紫菜碗中，撒上香菜，淋些香油即可。

小提示

紫菜蛋花汤
● 鸡蛋含有丰富的碘、钙、蛋白质、维生素A、维生素B及其他矿物质。经常食用可清除血管壁上聚集的胆固醇，对软化血管，防止动脉硬化有一定功效。

🥢 原料

无骨鱼柳150克，糯米100克，大米100克，枸杞少许。

🎚 调料

葱花、姜丝、食盐、胡椒粉各适量。

🍶 制作方法

1. 大米与糯米混合，洗净，加入适量水，大火煮开后，改小火慢煮。
2. 鱼柳切薄片，加入食盐、胡椒粉、姜丝腌制一下。
3. 粥煮好后，关火，趁热倒入鱼柳片，用勺轻轻地搅拌。
4. 加入葱花和枸杞，加少许盐调味即可。

小提示

生滚鱼片粥
- 鱼肉富含优质蛋白，易消化吸收，脂肪含量低，还含有钙、磷、钾、碘、锌、硒等矿物质，以及维生素A、维生素D及B族维生素等。

生滚鱼片粥

韭菜虾仁粥

🐨 原料

韭菜30克，虾仁5个，大米100克。

🍴 调料

食盐、味精、白糖各适量，鸡汤800毫升。

🥄 制作方法

1. 韭菜洗净，用沸水焯一下，捞出过凉水后，切小段，虾仁洗净，去掉虾线后用沸水焯一下，切碎，大米洗净，浸泡30分钟。

2. 锅置火上，放入鸡汤和大米，大火煮沸后改小火，熬煮至黏稠。

3. 把虾仁放入粥中，略煮片刻后加入韭菜段、食盐，煮约5分钟，加味精、白糖调味即可。

小提示

韭菜虾仁粥

● 韭菜富含蛋白质，具有通乳抗毒、养血固精、益气滋阳的功效。

🥢 原料

黄豆芽200克，绿豆圆子250克，蒜苗1根。

🍴 调料

胡椒粉2克，鸡精1.5克，食盐、调和油、芝麻油、蒜、姜、葱花、香油各适量。

制作方法

① 黄豆芽洗净，蒜苗洗净切段，蒜、姜洗净切末。

② 油锅烧热，爆香蒜末、姜末，倒入黄豆芽、蒜苗段翻炒。

③ 加入适量的清水。

④ 煮5~8分钟后，加入盐、胡椒粉、鸡精。

⑤ 放入绿豆圆子，撒上葱花，淋入芝麻油、香油，搅拌均匀即可。

小提示

豆芽圆子汤
● 此汤含有丰富的纤维素、维生素和矿物质，有美容排毒、消脂通便、抗氧化的功效。

豆芽圆子汤

原料

大米400克，胡萝卜1根，豆腐150克，青菜50克。

调料

食盐适量。

制作方法

1️⃣ 青菜洗净，豆腐切块，胡萝卜洗净，切丁。

2️⃣ 大米洗净，泡水约30分钟后沥干水分备用。

3️⃣ 汤锅中倒入水和大米以中火煮开，放入胡萝卜块再次煮开，改转小火加盖焖煮约20分钟，最后加入豆腐、青菜、食盐搅拌均匀即可。

小提示

青菜豆腐粥
● 青菜具有清热润燥、舒张血管、行血破气、消肿散结、和血补身的功效。

青菜豆腐粥

酸汤金针肥牛

🐷 原料

肥牛肉末150克，金针菇100克。

🍴 调料

红辣椒20克，黄灯笼辣椒酱5克，食盐、食用油、香菜各适量。

🥄 制作方法

1. 金针菇去根，然后放入水中煮，煮到断生，煮好后捞出放在碗里待用。
2. 黄灯笼辣椒酱放入油锅中小炒，加入冷水煮沸，撒入食盐。
3. 肥牛肉末放入煮沸的辣椒汤里，变色后捞出放在金针菇上面。
4. 把汤过筛后倒在金针菇碗里。
5. 红辣椒洗净，切碎。
6. 撒上红辣椒碎和香菜即可。

小提示

酸汤金针肥牛
● 金针菇中的氨基酸含量非常丰富，高于一般菇类，尤其是赖氨酸的含量特别高，赖氨酸具有促进儿童智力发育的功能。

上汤娃娃菜

🍲 原料

娃娃菜200克，皮蛋100克，胡萝卜1根，枸杞少许。

🍴 调料

水淀粉、食盐、蒜、香葱各适量，浓汤煲鸡汤1大碗。

🍳 制作方法

① 娃娃菜洗净，切段，胡萝卜、皮蛋洗净，切片，香葱、蒜切末备用。

② 蒜末炝锅，煎成黄色出香味。

③ 放入鸡汤烧开。

④ 水开后将娃娃菜放入，皮蛋片放入。

⑤ 盖盖再煮开，煮到娃娃菜变软，捞出装盘。

⑥ 将胡萝卜片放入汤中，煮1分钟，加入少许食盐、枸杞，用水淀粉勾芡，浇在娃娃菜上即可。

 小提示

上汤娃娃菜

● 娃娃菜营养价值和大白菜差不多，富含维生素和硒，叶绿素含量较高，还含有丰富的纤维素及微量元素。

🐷 原料

肥牛片500克，金针菇1把，粉丝100克，胡萝卜1个，南瓜1块，青、红尖椒各1个。

🍴 调料

色拉油、食盐、葱段、姜片、蒜片各适量。

🥄 制作方法

① 金针菇去根部，洗净，南瓜去皮和瓤，洗净，切片，青、红尖椒洗净，去蒂和籽，切段。
② 炒锅置火上，放入油，烧至五成热，放入葱段、姜片、蒜片爆香。
③ 依次放入胡萝卜片、南瓜片和尖椒段，翻炒。
④ 加入盐和水，煮10分钟，打开锅盖，用勺子把南瓜捣烂。
⑤ 放入粉丝，煮软，捞出，放入砂锅底。
⑥ 炒锅中再放入肥牛片、金针菇，小火煮至肉变色，金针菇变色即可，捞出码在粉丝上，把汤浇在肥牛上撒上青、红尖椒段即可。

小提示

金汤肥牛
● 牛肉具有补脾胃、益气血、强筋骨、消水肿的功效。

金汤肥牛

西红柿鸡蛋疙瘩汤

🐷 原料

面粉200克，鸡蛋1个，西红柿2个，水发木耳1小把。

🍴 调料

植物油、葱、姜、盐、香菜各适量。

🍳 制作方法

① 碗中放入小半碗面粉，分几次加入清水，边加水边用筷子将面粉搅拌成疙瘩状。
② 西红柿、木耳洗净后切碎备用，葱、姜洗净，切末备用。
③ 锅内加入适量植物油烧热，放入葱、姜末翻炒出香味，再加入西红柿碎、木耳碎煸炒。
④ 把西红柿炒至八分烂时加入清水，烧开后放入面疙瘩迅速搅拌。
⑤ 煮至将熟时加入鸡蛋液，放入香菜快速搅散，最后加盐即可出锅。

小提示

西红柿鸡蛋疙瘩汤
● 番茄中的番茄红素能抵抗衰老，增强免疫系统，减少疾病的发生，还能降低眼睛黄斑的退化、减少色斑沉着。

Part2 舒心面条

扇贝雪菜面

🍲 原料

鸡蛋面条100克，雪菜50克，扇贝2个，木耳菜3棵，西红柿50克。

🍴 调料

色拉油、蒜泥、米醋、香油、盐、葱花、鸡汤各适量。

🥄 制作方法

1. 炒锅倒油烧热，放入蒜泥和雪菜翻炒半分钟，冲入2杯热鸡汤。
2. 直接下入鸡蛋面条，用筷子挑动，滚开后下入扇贝，改小火煮1分钟，撒点葱花即可出锅装碗。
3. 木耳菜、西红柿洗净切段，烧开一锅水，下入西红柿、木耳菜，焯熟后捞出装入碗中，撒上米醋、香油、蒜泥和盐拌匀后，加入面碗中即可。

 小提示

扇贝雪菜面
● 雪菜具有开胃消食、温中益气、利尿止泻、祛风散血的功效。

🐨 原料

高筋面粉250克，牛肉100克，西红柿1个，油菜、木耳各适量。

🎛 调料

食盐、姜片、葱花、料酒、香油、植物油、老抽、陈醋各适量。

🥄 制作方法

1. 牛肉洗净切丁，西红柿、油菜洗净切段，木耳泡发撕碎；面粉加盐，加适量清水和匀，并揉成光滑的面团，饧30分钟。
2. 将面团擀成7~8毫米厚的圆饼，两面都抹上少许植物油，用保鲜膜盖好继续饧2小时。
3. 锅中热油，下姜片、葱花炸一下后放入牛肉丁，将牛肉中的油脂煎出来后，加盐、少许料酒和老抽，再放入西红柿块、油菜翻炒。
4. 倒入两大碗清水，煮沸后转小火，盖上锅盖熬40分钟，其间加入木耳继续煮。
5. 将面饼切成7~8毫米宽度的面条，用手指将面条捏宽捏扁，捏成薄薄的类似皮带面的样子。
6. 将汤锅转成大火，把捏好的面条一片一片地揪成正方形面片，下到汤锅中，全下完后盖上锅盖再焖2分钟。
7. 出锅前淋上少许陈醋和香油即可。

小提示

番茄木耳烩面片
● 油菜能活血化瘀、降低血脂、宽肠通便、促进血液循环。

番茄木耳烩面片

朝鲜冷面

🍲 原料

冷面150克，酱牛肉1小块，鸡蛋1个，黄瓜1根，苹果半个，白菜6片。

🍴 调料

食盐、醋、味精、葱末、蒜蓉、花椒、白醋、辣椒粉、鸡精、姜末、八角、白糖、辣椒酱各适量。

🥄 制作方法

1. 将少量花椒、姜末、葱末放入锅内，倒入2~3杯水烧开，再小火煮5分钟左右，当汤汁变成微红色时关火。
2. 将调料滤出，汁水倒入碗内。待汁水稍凉，依次加入白糖、八角、醋、食盐、白醋，制成冷面汁，然后入冰箱冷藏1小时左右。
3. 将白菜洗净放入容器内，在它表面均匀涂上盐，然后盖上盖子腌2小时。
4. 腌好后将盐水倒掉，将白菜切丝。
5. 将葱末、姜末、蒜蓉、味精、鸡精、辣椒粉与白菜丝拌匀，再静置10分钟左右即可。
6. 面和冷水同时下锅，中火加温至水开，煮2~3分钟之后熄火闷2分钟。
7. 煮面的期间把黄瓜切丝，苹果切片，熟鸡蛋对半切，酱牛肉切片待用。
8. 将冷面用冷开水过凉，把冰镇后的面汁倒入碗内，放入冷面。
9. 依次在凉面上放入辣椒酱、酱牛肉、黄瓜丝、苹果片，中间摆上熟鸡蛋即可。

小提示

朝鲜冷面
● 黄瓜具有补中益气、滋养脾胃、强健筋骨、化痰息风、止渴止涩的功效。

原料

面粉500克，鸡蛋1个，西红柿1个，油菜、干面粉各适量。

调料

色拉油、酱油、葱白、蒜、食盐、蚝油、胡椒粉各适量。

 制作方法

1. 把面粉倒入盆中，倒入清水，搅拌成面絮。
2. 把面絮揉成光滑的面团，饧发20分钟，中间再揉3次。
3. 把饧好的面团按扁，用擀面杖擀成薄片，撒上适量干面粉，折叠好，切成粗细均匀的面条抖散备用。
4. 葱白切碎，蒜切片，鸡蛋打散。
5. 油菜洗净；西红柿洗净，去皮，切块。
6. 炒锅置火上，放油，烧至五成热，倒入蛋液，放入蒜片、葱白碎炸香，盛出。
7. 留底油，放入西红柿块，翻炒出番茄素，加入酱油、蚝油，加水，大火烧开，加盐和胡椒粉炒匀。
8. 将擀好的手擀面煮熟，盛出后倒入步骤6和步骤7中做好的食材，加入焯熟的油菜即可。

小提示

炝锅面
● 油菜有强健骨骼和牙齿、缓解压力的作用。

炝锅面

🐨 原料

面粉250克，肉末150克，黄瓜1/2根。

🍴 调料

甜面酱、黄豆酱、郫县豆瓣酱、淀粉、酱油、料酒、葱、姜、油、盐各适量。

🍳 制作方法

1. 将甜面酱、黄豆酱、郫县豆瓣酱调好匀后加水稀释。
2. 肉末加淀粉和酱油、料酒腌制15分钟左右。
3. 葱、姜洗净切丝，黄瓜洗净，切丝。
4. 油锅烧热，放入葱丝、姜丝爆香，放入肉末炒至变色，大火烧开，小火烧稠汁即可。
5. 倒入调好的酱汁。
6. 面粉加水和成光滑的面团，盖上保鲜膜静置15分钟。
7. 将面团擀成圆形的薄片，从中间开始平切成三等份，多撒上一些干面粉，将三片面片摞起来，切成面条状。
8. 锅中放凉水烧开，将面条均匀地撒入热水中，放少许盐，将面条煮熟。捞出后过一下温开水，撒上肉酱和切好的黄瓜丝即可。

小提示

炸酱面
● 炸酱面含有大量蛋白质、矿物质和维生素等物质，既含有肉的营养也含有蔬菜的营养，常食能增强抵抗力。

炸酱面

过油肉拌面

 原料

面剂子200克，羊肉100克，水发木耳50克，彩椒、洋葱各适量。

调料

姜、蒜、淀粉、酱油、色拉油各适量。

制作方法

1. 嫩羊肉洗净切片，加干淀粉，再加一点酱油，抓匀腌制一会儿。
2. 把彩椒、洋葱洗净切片，姜切末，蒜切片。
3. 先把面剂子扯开，扯成小拇指粗细，待用。煮锅上电磁炉先烧水。
4. 炒锅加热后再放油，二三成熟后把腌好的羊肉倒进去，滑油。
5. 等肉全部变色，锅里的水分减少，油冒大泡，即可倒出滤油。
6. 肉回锅，加入适量油，先后放入姜末、彩椒、洋葱翻炒，再加入蒜片，最后加一点热水熬煮片刻盛出。
7. 水沸后，把面剂子撑在手上，扯细，再摔打，再扯细。
8. 下开水锅里煮，用筷子打散，滚开1分钟捞出，浇上炒好的肉片即可。

小提示

过油肉拌面

● 彩椒具有消除疲劳的作用，而且彩椒中还含有能促进维生素C吸收的维生素P，就算加热，维生素C也不会流失。

炒玉米面条

🐷 原料

玉米面条250克，西红柿2个，油菜100克，虾仁100克。

🍴 调料

盐、色拉油、蚝油、葱花各适量。

🔪 制作方法

① 西红柿洗净，切片，油菜洗净，掰开，虾仁洗净。

② 取一口锅，烧热水，沸腾后下入玉米面条煮至八分熟。

③ 锅中倒入油烧热，放入葱花，下虾仁煸香，面条沥干水下到炒锅中，加入西红柿片和油菜一同翻炒，加入盐和蚝油调味即可。

小提示

炒玉米面条
● 西红柿具有清热解毒、助消化、抗衰老、护肤的功效。

香菇炸酱面

🐨 原料

面条100克，肉末80克，胡萝卜、土豆、水发香菇、黄瓜各适量。

🍴 调料

豆瓣酱、色拉油、料酒、细盐、米醋、葱白丝、香油各适量。

🍳 制作方法

1. 胡萝卜、黄瓜洗净切丝，土豆、香菇洗净切末。
2. 油锅烧热，下入豆瓣酱炒香，加入肉末炒到变色，放入土豆末、香菇末、细盐翻炒，加少许料酒出锅，制成酱汁。
3. 另锅烧水，水开后，下入面条煮熟，把煮好的面条盛入碗中，将酱汁浇在面上，用筷子迅速拌匀。
4. 撒上胡萝卜丝、黄瓜丝、葱白丝，淋上香油和米醋即可。

片儿川

🐨 原料

面条100克，茭白1根，肉片少许，倒笃菜（咸菜）40克。

🍴 调料

猪油、老抽、鸡精各适量。

🍳 制作方法

1. 茭白洗净切片；汤锅烧开水，下入面条，煮至五六成熟后捞出。
2. 炒锅烧热，加入猪油，放入肉片翻炒，然后再加入倒笃菜、茭白、老抽翻炒。
3. 加入煮至五六成熟的面条和适量水，拌匀，撒点鸡精，即可出锅。

小提示

香菇炸酱面
- 香菇具有解毒消炎、宽肠通便、益智安神、健脾利湿、止血降压的功效。

片儿川
- 茭白能增强免疫力、改善贫血、养胃、补虚健体、润肠胃、生津液、补肾气、解热毒。

原料

刀面250克，猪肉丁250克，鸡蛋1个，西红柿1个，水发木耳3朵，小油菜2棵。

调料

食用油、黄豆酱、葱段、姜片、干辣椒皮、八角、盐、酱油、料酒各适量。

 制作方法

1. 西红柿洗净切块，水发木耳洗净撕碎，小油菜洗净掰开，鸡蛋打散成蛋液。
2. 油锅烧热，倒入蛋液炒熟盛出。
3. 锅留底油，爆香葱段、姜片、干辣椒皮、八角，放入猪肉丁炒熟，放入西红柿块、油菜、鸡蛋、木耳炒匀，加入盐、酱油、料酒、黄豆酱调味后盛出。
4. 另锅烧水，放入刀面煮熟盛入碗中，加入炒好的材料即可食用。

小提示

山西刀削面
● 木耳中的胶质可把残留在人体消化系统内的灰尘、杂质吸附集中起来排出体外，从而起到清胃涤肠的作用。

山西刀削面

丁丁炒面

🦃 原料

手擀面250克，猪肉100克，西红柿2个，青、红椒各1个。

🎏 调料

食盐、香油、植物油、生抽、生粉、番茄沙司、葱花各适量。

🍢 制作方法

① 手擀面切成丁状，放入加入盐和油的水中煮熟，捞出过冷水控干备用。

② 猪肉切肉丁，加生粉和生抽腌制，放入油锅炒至变色装盘备用。

③ 西红柿和青、红椒洗净，切丁。

④ 炒锅热油，加入西红柿炒软出汁。

⑤ 加入葱花，青、红椒丁炒一会儿，再倒入番茄沙司。

⑥ 倒入一小碗的白开水，煮开，加盐调好味道，最后倒入面丁和肉丝翻炒均匀，淋入香油即可。

小提示

丁丁炒面
● 青椒具有的强大抗氧化作用，可抗白内障、心脏病，防止身体老化，并且能使体内的细胞活化。

荞麦面

🥘 原料

荞麦面80克，豆腐干2块，芦笋3根，金针菇50克，红尖椒1个。

🍴 调料

盐、色拉油、葱花、米醋各适量。

🍳 制作方法

① 豆腐干、芦笋洗净切丝备用，红尖椒洗净，切小粒。

② 烧开一锅水，下入荞麦面，用筷子挑几下，防止粘锅和溢锅。

③ 炒锅倒油烧热后倒入豆腐干、芦笋、金针菇炒半分钟，冲入2杯热水。

④ 将烫软的面条捞到炒锅中，用筷子挑拌几下。

⑤ 加盐调味，加入红椒粒和葱花，淋点米醋，即可出锅装碗。

小提示

荞麦面
● 荞麦面的最大营养特点是含有大量烟酸和芦丁。这两种物质都具有降低血脂和血清胆固醇的作用，对高血压和心脏病有很好的防治作用，是治疗心血管病的良药。

原料

面条100克，生菜叶少许，牛肉片60克，水发黑木耳30克，鸡蛋1个，西红柿适量。

调料

色拉油、盐、醋、葱花、油泼辣子、豆瓣酱各适量。

制作方法

1. 西红柿、黑木耳洗净切碎，炒锅加油烧热后加葱花爆香，转小火，磕入鸡蛋，打散煎熟。
2. 下入牛肉片炒至变色，加入油泼辣子和豆瓣酱翻炒均匀。
3. 加入2杯热水，放入面条，用筷子将面条压入汤中，慢慢变软。
4. 加入黑木耳、西红柿，改小火煮2分钟。放入生菜烫软，加入少许盐、醋即可出锅。

懒人煎蛋面

小提示

懒人煎蛋面
● 牛肉具有清热安神、清肝利胆、养胃、益气强身、滋肾养胃、健脑益智的功效。

葱油拌面
● 此面可健脾消食、补肝明目、清热解毒、健脾开胃、止血散瘀。

原料

面条100克。

葱油拌面

调料

香葱段、色拉油、红辣椒、生抽、米醋、盐各适量。

制作方法

1. 烧开一锅水，下入面条，大火烧开后转小火煮2分钟左右，其间多用筷子挑拌。
2. 油锅烧热，放入香葱段、红辣椒制成葱油。
3. 葱油中淋入少许生抽和米醋，搅拌均匀。
4. 将煮熟的面条捞出，沥干水分，盛入葱油碗中，用筷子快速挑匀，放点葱段和红辣椒即可。

傻瓜干拌面

原料

面条150克。

调料

熟猪油、葱末、酱油、辣椒油、醋、胡椒粉、植物油、蒜末各适量。

制作方法

1. 热锅中倒入适量植物油烧热，下入葱末、蒜末爆香，加入酱油、辣椒油、醋、胡椒粉制成调味剂。
2. 锅置火上，加水煮沸，放入面条煮熟，捞出过凉，沥干盛入碗中。
3. 倒上调味剂，淋上熟猪油拌匀即可。

小提示

傻瓜干拌面
● 此面可增强免疫力、改善贫血、养胃。
虾仁伊府面
● 虾仁能很好地保护心血管系统，防止动脉硬化。

虾仁伊府面

原料

面条150克，虾仁100克，鸡肉丁、熟鸡蛋块各20克，红、绿尖椒各少许。

调料

酱油、料酒、盐、白糖、胡椒粉、植物油各适量。

制作方法

1. 虾仁去虾线，洗净，虾仁、鸡肉丁放入沸水锅中焯煮片刻，捞出，红、绿尖椒洗净切段备用。
2. 面条煮熟，冲凉，入碗备用。
3. 油锅烧热，放入虾仁、鸡肉丁、红尖椒段、绿尖椒段、熟鸡蛋块、酱油、料酒、盐、白糖、胡椒粉炒熟，倒入面条碗中拌匀即可。

豆芽攸面鱼

 原料

攸面200克，豆芽150克，红、绿尖椒各50克。

调料

色拉油、醋、葱、蒜、盐、酱油各适量。

制作方法

1. 豆芽、葱、蒜、红、绿尖椒洗净，把葱、蒜切碎，红、绿尖椒切段。
2. 将开水倒入攸面，先用筷子搅拌，不太烫的时候再用手和成面团。
3. 小碗里倒些色拉油，沾一点油在手心，揪一小团面两手搓成小鱼状。
4. 搓好放在笼屉上上锅蒸10分钟。
5. 豆芽放入油锅翻炒，接着把葱、蒜炒香，再放入红、绿尖椒段后淋入盐、酱油、醋搅拌均匀。
6. 最后把蒸好的小鱼状攸面倒入锅中翻炒2分钟左右，盛出盘里即可。

小提示

豆芽攸面鱼
● 攸面可以有效地降低人体中的胆固醇，经常食用，即可对中老年人的主要威胁——心脑血管病起到一定的预防作用，改善血液循环，缓解压力。

手拉面

手拉面的制作要点!

　　手拉面的技术性很强，要做好手拉面必须掌握正确要领，即和面要防止脱水、晃条必须均匀、出条要均匀圆滚。煮时，锅里的水要保持沸滚，下面要均匀撒开，避免堆积沉锅，煮的时间比机制的面条要短些，才能使面条光滑透亮，不浑汤，不粘牙，柔软爽口，筋道而不发硬。

🐷 原料

高筋面粉500克，熟牛肉片200克，青菜50克。

🥄 调料

盐、碱、葱花、牛肉汤各适量。

🍶 制作方法

① 将青菜洗净切段，汆熟备用，高筋面粉放入盆中，加入盐、碱、水，用筷子将面粉搅成絮片状。

② 用手将絮片面揉压成一团，至粉状颗粒都不见。

③ 继续用手掌将面揉成一个表面光滑细致的面团。

④ 将和好的面团用保鲜膜覆盖，发酵1个小时。

⑤ 将面团取出，搓动、拉抻成长条形面。

⑥ 握住粗面条团两端，上下抖动，使其越拉越长、越拉越细。

⑦ 之后，顺势将面条旋转，绕成"8"字形。

⑧ 接着将"8"字形面反折，并重复步骤6～8，直至长条形面抖弹出筋性。

⑨ 遛完面后，将条形面平均切成4段，每段长约20厘米。

⑩ 双手在案板上反复搓动小粗面条，将其搓成一个个长约50厘米的细长条。

⑪ 将搓好的细长面条放在案板上，撒上干面粉，准备拉面。

⑫ 用左手的食指、中指、无名指，分别夹住细长面条两端的面头。

⑬ 右手勾住中间面环，将右手的面环，反复往左手中指上挂，边挂、边勾、边延展面条。

⑭ 在撒上面粉的案板上，将延展中的拉面，上下抖动，让面条沾上面粉，避免粘连。

⑮ 直至面条拉至适当粗细，即成手拉面，煮熟后捞出，放入青菜、牛肉片、葱花，浇上牛肉汤即可。

小提示

手拉面
● 高筋面粉具有养心、益肾、除热、止渴等功效。

牛肉热汤面

原料

面条600克，牛肉300克。

调料

香菜、植物油、葱末、蒜末、姜末、盐、白糖、淡色酱油、辣椒酱各适量。

制作方法

1. 牛肉洗净，放在锅中焯烫，去除血水，捞出，切大块备用。
2. 香菜洗净，切成末，备用。
3. 锅内倒植物油烧热，爆香葱末、姜末、蒜末，放入牛肉块及辣椒酱炒透，再倒入酱油续炒3分钟，加入清水，用小火焖煮90分钟，放入盐、白糖调味即可。
4. 面条煮熟，香菜放入煮面条水中烫熟捞出。
5. 碗内加入一些牛肉汤汁及煮面的沸水稍微稀释，盛入面条，上面再铺上牛肉块及香菜末即可。

 小提示

牛肉热汤面

● 牛肉有补中益气、滋养脾胃、强健筋骨、化痰息风、止渴止涎之功效，适宜于中气下隐、气短体虚、筋骨酸软、贫血久病及面黄目眩之人食用。

鱼丸清汤面

🐦 原料

拉面150克，鱼丸50克，油菜适量。

🍴 调料

清汤1000毫升，植物油、盐、味精、料酒、香油、葱、姜各适量。

🥄 制作方法

1. 葱、姜分别洗净，切末备用。
2. 炒锅内倒油烧热，放入姜末炒香，调入料酒，加入清汤煮沸后，再放入拉面、鱼丸、油菜煮10分钟至熟。
3. 放入盐、味精、葱末，淋入少许香油，出锅即可。

小提示

鱼丸清汤面
- 此面能够滋补健胃、利水消肿、清热解毒、止嗽下气、养心益肾、健脾厚肠、清肺化痰。

海鲜炒面
- 虾仁有暖胃和中、平抑肝阳、益肠明目、止咳化痰、改善贫血、增强免疫力的功效。

海鲜炒面

🐦 原料

意大利干面条120克，草鱼肉80克，鲜虾40克，红、青椒各30克，洋葱20克。

🍴 调料

植物油、香葱、大蒜、酱油、盐各适量。

🥄 制作方法

1. 草鱼肉、洋葱洗净，切细条；鲜虾去除虾线，洗净，红椒、青椒去蒂、籽，洗净，切丝，香葱、大蒜切末。
2. 意大利干面条入沸水锅中煮熟，捞出过凉水沥干。
3. 锅内倒植物油烧热，加入红椒丝、青椒丝、洋葱条、葱末、蒜末炒出香味，放入草鱼肉条、虾仁炒熟，加入面条炒匀，加入酱油、盐调味即可。

🍲 原料

面粉260克，西红柿1个，黑木耳3朵，鸡蛋2个。

🍴 调料

食盐、葱、蒜、生抽、白糖、醋、姜、料酒各适量。

🥢 制作方法

1. 在面粉中加入清水，搅拌均匀后揉成光滑的面团，盖保鲜膜饧发。
2. 西红柿洗净切块，姜、蒜切片，木耳用清水泡发后切丝，葱切碎。
3. 将鸡蛋打散成蛋液，倒入料酒混合均匀后锅中热油划烧成蛋碎盛出备用。
4. 锅中注油烧至五成热，加入姜片、蒜片炒香后倒入西红柿块，调入盐、糖、生抽，翻炒均匀。
5. 加入木耳丝继续翻炒，注入适量沸水，大火烧开。
6. 将饧发好的面团两面撒少许面粉后擀成方形的薄片，用刀横向划条纹后，用手拿起其中一条，揪成约5厘米长的面片。
7. 将番茄汤调制中火，加入蛋碎后保持微微沸腾的状态，将揪好的面片放进汤里，用筷子轻轻搅拌一下。
8. 全部面片揪进去以后开大火约30秒熄火，淋入香醋，加入香葱末即可。

小提示

西红柿鸡蛋揪面片
● 木耳中铁的含量极为丰富，故常吃木耳能养血驻颜，令人肌肤红润，容光焕发，并可防治缺铁性贫血症。

西红柿鸡蛋揪面片

阳春面

原料

面条250克。

调料

葱、蒜、猪油、高汤、油酥花生仁、盐各适量。

制作方法

1. 葱、大蒜洗净，均切末备用。
2. 猪油在锅中溶化，然后放入葱花用中小火慢慢炒出香味，直至葱变成深褐色，即成葱油。
3. 将面条放入汤锅中煮熟，然后在盛面的碗中放入一勺葱油，放入盐。
4. 煮熟的面挑入碗中，加入高汤，淋入香油，撒上葱花、蒜末、油酥花生仁，搅拌均匀即可。

小提示

阳春面
● 阳春面具有养心益肾、健脾厚肠的功效。

原料

家常切面200克，猪瘦肉150克，水发黑木耳50克，胡萝卜丝、黄瓜丝、青椒丝各适量。

调料

植物油、葱丝、姜丝、酱油、盐、鸡精、水淀粉、料酒、香油各适量。

制作方法

1. 猪肉洗净，切条，放入碗中加入酱油、料酒、水淀粉，腌渍10分钟，锅中加入清水，烧沸后放入切面，煮几分钟至熟，捞出放入碗内。
2. 油锅加植物油烧热，爆香葱丝、姜丝，放肉条、胡萝卜丝、黑木耳、黄瓜丝、青椒丝、熟切面炒熟，再加入酱油、盐、鸡精调味，淋上香油，出锅倒入面碗中即可。

木樨肉炒面

小提示

木樨肉炒面
● 猪肉有养肾补肾、滋阴补阴、养颜、祛风泻火、散血消肿、健脑益智之功效。
御府汤面
● 菠菜有健脑、益智、长寿、滋阴、补肾、调中、下气、利五脏、保障营养之功效。

御府汤面

原料

面粉250克，鸡蛋2个，虾仁50克，西红柿25克，菠菜段20克。

调料

植物油、鸡汤、盐、味精、酱油、料酒、葱末各适量。

制作方法

1. 面粉加入鸡蛋、水和成面团，盖上湿布，静置约10分钟，然后将虾仁、西红柿用清水洗净，西红柿切块备用。
2. 锅内倒入植物油烧热，爆香葱末，倒入鸡汤煮沸，放入西红柿块、菠菜段、虾仁，大火烧沸。
3. 放入面条大火煮熟，加入盐、味精、酱油、料酒煮匀，汤沸后把浮沫撇去，盛碗即可。

🐚 原料

面筋250克，菠菜100克，红尖椒1个。

🍴 调料

橄榄油、色拉油、花椒面、葱、蒜、盐、白芝麻、凉拌醋各适量。

🍳 制作方法

① 面筋用水汆烫，挤干水洗净，捞起过凉水，沥干水分。

② 红尖椒洗净，切丝，菠菜洗净后，过下开水，可以在水中加少许盐，以保证菠菜的色泽。

③ 将面筋和菠菜放在同一个盆中待用。

④ 把花椒面、葱、蒜、盐放入碗中，烧热橄榄油并倒入碗里搅拌均匀。

④ 碗中倒入少许凉开水，将调好的汁倒入菠菜和面筋的盆里再拌上点醋，搅拌均匀后撒上红尖椒丝和白芝麻即可。

小提示

菠菜面筋

● 胡萝卜含的胡萝卜素，在人体内转变成维生素A，能维护正常视力和上皮细胞的健康，增加预防传染病的能力，促进儿童生长发育。

菠菜面筋

韩国面疙瘩

原料

面粉200克，南瓜半块，油菜3棵。

调料

葱、盐、糖、鸡精、猪油各适量。

制作方法

1. 油菜洗净，掰开，南瓜去皮，切块，葱切末。
2. 热锅放入猪油，葱末炒香，再放南瓜煸炒。
3. 面粉加水和成面疙瘩。
4. 煸炒过的南瓜加水煮开，再依次加入盐、鸡精、糖少许。
5. 下入面疙瘩，不时用筷子翻动，煮透但不能煮黏腻。
6. 留一点面糊倒进锅里搅拌，替代淀粉，这样面汤更黏稠。
7. 将洗好的油菜放入锅里搅拌均匀盛出即可。

小提示

韩国面疙瘩
● 经过煮沸的面食最为洁净，可以大大减少肠胃疾病的发生，因此面疙瘩、面条成为中国最常见的食品之一。

🥘 原料

圆面条250克，鸡毛菜100克，牛肉丝、红椒丝各适量。

🍴 调料

老抽2汤匙，食用油、五香粉、盐各适量。

🥄 制作方法

1. 鸡毛菜择好，洗净。
2. 圆面条下锅煮至八分熟，捞出过冷水沥干之后，用老抽拌匀，倒入少许油可防止面条粘锅。
3. 油锅烧热，炒熟牛肉丝。
4. 炒锅中放入少许油，油温至五分热时，放入面条，用筷子将面条挑开，不要让它粘在一起，再放入鸡毛菜、红椒丝，与面条一起炒，放入老抽后将火调小，加盖焖1~2分钟，最后放入牛肉丝、五香粉、盐均匀炒2分钟即可出锅。

小提示

老上海炒面
● 牛肉具有清热除烦、行气祛瘀、消肿散结、通利胃肠之功效。

老上海炒面

酸辣三丝面

🥢 原料

家常挂面200克，猪瘦肉150克，青辣椒、红辣椒、洋葱各100克。

🍴 调料

植物油、香菜、葱末、姜末、鲜汤、酱油、料酒、醋、辣椒油、盐、味精、胡椒粉、香油各适量。

🥄 制作方法

1. 猪肉、洋葱、青辣椒、红辣椒洗净切丝，锅内倒油烧热，放入肉丝炒热，放入葱末、姜末、酱油、料酒翻炒入味。
2. 锅内倒入清水，烧沸后放入挂面煮熟，捞出装入碗内，码好猪肉丝、青辣椒丝、红辣椒丝、洋葱丝。
3. 炒锅内倒入鲜汤，烧沸放入醋、辣椒油、盐、味精、胡椒粉、香油，调好口味，浇到面上，撒上香菜即可。

> 小提示
>
> 酸辣三丝面
> ● 洋葱具有除热、利水、解毒、清热利尿、养阴补虚、补虚损、益精气、润肠胃之功效。

原料

鸡蛋面条200克，鸡脯肉60克，雪菜50克，油菜3棵，红椒丝少许。

调料

葱末、植物油、盐、酱油、淀粉、胡椒粉各适量。

制作方法

① 雪菜洗净，挤干水，切段，油菜洗净备用。

② 鸡脯肉洗净，切丝，放入盐、酱油、淀粉、胡椒粉腌渍15分钟，锅内倒油烧热，将鸡丝快速爆炒后捞出待用。

③ 锅内倒油烧热，放入葱末、雪菜段、红椒丝、油菜及白糖、盐以大火煸炒。

④ 面条煮熟盛入碗内，铺上雪菜、油菜、鸡丝和红椒丝即可。

小提示

雪菜鸡丝面

● 雪菜具有解毒消肿、温中利气、养心安神、滋阴润燥、健脾胃、活血脉、强筋骨之功效。

雪菜鸡丝面

🍲 原料

红苕粉750克，猪肠、猪心、猪肺各适量。

🍴 调料

葱花、芽菜、酱油、胡椒粉、姜块、花椒、味精、红油、辣椒、川盐各适量。

制作方法

1. 红苕粉洗净，将猪肠、猪肺、猪心洗净，放入开水锅内煮沸，撇去浮沫，转用小火炖，同时放入姜块、葱花、花椒，待炖好后捞起备用。
2. 将猪肠、猪肺、猪心用刀切碎，芽菜剁末，往碗内分别放入酱油、味精、胡椒粉、川盐、红油、辣椒、芽菜末、葱花，调制成底料。
3. 竹漏子内放入适量的各种猪杂，再放入红苕粉，在沸汤内烫2分钟，连汤一起倒入有底料的碗内拌匀即成。

> 小提示
>
> 酸辣肥肠粉
> ● 猪肝中含有丰富的维生素A，能保护眼睛，维持正常视力，防止眼睛疲劳。

酸辣肥肠粉

西红柿鸡蛋面

🥘 原料

面条200克，西红柿2个，鸡蛋2个，油菜3棵。

🍴 调料

葱1棵，姜1块，盐、黑胡椒、植物油各适量。

🍲 制作方法

1. 西红柿洗净，去皮切成小块，葱、姜洗净，葱切葱花，姜切末备用。
2. 锅中放植物油，油热后，打入鸡蛋煎成鸡蛋块，放姜末、葱花，炸出香味。
3. 倒入西红柿，转小火，边炒边用锅铲捣碎西红柿，直到炒出汁。
4. 加入适量开水，盖上锅盖，煮一会儿，使西红柿汁液融在汤水中。
5. 下入面条，不时用筷子翻动面条，煮透但不能煮黏腻。
6. 油菜洗净放入锅中。
7. 见面条、油菜均熟软后盛入碗中，将炒好的鸡蛋倒在面上，放盐、黑胡椒调味，撒上葱花即可。

小提示

西红柿鸡蛋面
- ● 西红柿含有丰富的番茄红素、蛋白质、纤维素等营养物质，具有养颜美容、保护肝脏、消除肠道垃圾等功效。

韩式鱿鱼拌面

原料

面条300克，大鱿鱼1条，青椒、红椒各1个。

调料

韩式多味辣酱15克，熟芝麻少许，生抽10克，油、葱末、盐、料酒、白糖各适量。

制作方法

1. 青椒、红椒洗净，切小块，鱿鱼洗干净，去除表面薄膜，切成卷备用。
2. 锅中注入适量清水，滴入几滴料酒和姜片，烧开后放入切好的鱿鱼快速焯一下，以去除腥味，然后捞起控干水分。
3. 炒锅内倒入油，烧热后，放入葱末煸炒出香味，再放入焯好的鱿鱼。
4. 调入韩式多味辣椒酱，放入盐、白糖、生抽翻炒均匀，再放入青椒、红椒块翻炒均匀就可出锅了。
5. 面条放入锅中煮开，捞出来过凉水后沥干，拌上炒好的鱿鱼，撒上熟芝麻即可食用。

小提示

韩式鱿鱼拌面
● 鱿鱼富含钙、磷、铁元素，有利于骨骼发育和造血，能有效治疗贫血，鱿鱼含有的多肽和硒等微量元素有抗病毒、防辐射的作用。

原料

意大利干面条220克，大番茄1个，圣女果1个，紫白菜丝、胡萝卜丝各少许。

调料

盐3克，大蒜2瓣，干罗勒1茶匙，植物油1汤匙，葱白丝少许。

 制作方法

① 圣女果洗净切两瓣；大锅里加足够的水，放入大蒜和盐，用大火把水烧开，加入意大利干面条，煮10~12分钟，捞出面条，倒掉水，将煮熟的面条再倒回锅里。

② 在煮意大利面的同时，把番茄洗净，切成3厘米左右的块，放在碗里，加干罗勒、植物油拌匀。把调好的番茄罗勒料加入面条锅里，翻炒1分钟，盛出装碗将紫白菜丝、葱丝、胡萝卜丝撒上，圣女果摆盘即可。

小提示

番茄拌意大利面条
● 西红柿含胡萝卜素，有美容、抗衰老、护肤等功效。

番茄拌意大利面条

芸豆炒面

🍲 原料

面条150克，芸豆1小把，猪瘦肉50克，洋葱、芹菜各少许。

🍴 调料

大蒜2瓣，小葱1棵，姜1小块，八角2个，生抽1汤匙，料酒、盐、植物油各适量。

🍳 制作方法

① 芸豆去老筋，洗净，切段；猪瘦肉洗净，切条；洋葱、芹菜洗净切段；葱、姜、蒜均洗净、切末。

② 蒸锅放水，把面条铺在蒸笼上，盖上锅盖大火蒸10分钟后备用。

③ 蒸好的面条取出，加入1小勺植物油拌匀晾凉。

④ 炒锅放植物油，烧热，爆香葱末、姜末和八角，再把肉条放进锅煸炒。

⑤ 待肉变色时，加料酒、生抽，然后放入洋葱、芹菜、芸豆一起煸炒入味。

⑥ 将面条放入锅内，用大火翻炒5分钟，即可出锅装盘。

小提示

芸豆炒面

● 面粉富含蛋白质、糖类、维生素和钙、铁、磷、钾、镁等矿物质，有养心益肾、健脾厚肠、除热止渴的功效。

蔬菜面

🐷 原料

菠菜200克，茶树菇100克，面粉250克。

🍴 调料

盐、香油、辣椒油、食用油各适量。

🥄 制作方法

1. 菠菜洗净，剁成碎末，放入盆中，撒少许盐用手揉搓。
2. 将菠菜碎包在细纱布里，挤出菠菜汁，加入干面粉，揉成面团。
3. 将和好的面团稍饧10分钟。
4. 在案板上撒面粉，把面团擀成大薄片面皮，折叠成5厘米宽的长条，切成均匀的条状，抓起面条用手抖开。
5. 油锅烧热，放入茶树菇爆炒，加入300毫升水，大火烧沸，下入面条，过3~5分钟后，加入盐、香油、辣椒油即可。

 小提示

蔬菜面
● 茶树菇具有滋阴补肾、益气开胃、健脾止泻、润肤美颜之功效。

美味菌菇面

 原料

面条150克，茶树菇2朵，白玉菇50克，蟹味菇50克。

调料

小葱1/2根，姜1块，盐、黑胡椒、植物油各适量。

 制作方法

1. 葱、姜洗净，切末，茶树菇洗净备用。
2. 白玉菇和蟹味菇入开水中氽烫，洗净备用。
3. 炒锅放油，放入葱、姜末爆香，将菇类放入炒锅中，煸炒出香味。
4. 加水，换汤锅大火煮沸，转小火慢煮，使菇类的鲜香溶入汤水中。
5. 转大火，下入面条，用筷子快速打散，以免粘连在一起。
6. 待面条将熟，将盐、黑胡椒和葱末放入锅中，稍烫一下即可。

> **小提示**
>
> 美味菌菇面
> ● 白玉菇具有益气和中、生津润燥、清热解毒的功效。

🐨 原料

蒸面皮300克，牛肉250克。

🍴 调料

芝麻、盐、香醋、辣鲜露、辣椒油、生抽各适量。

🥄 制作方法

1. 将面皮切条，垫在碗的底部。
2. 将熟牛肉切片，呈扇形摆在面皮上。
3. 将以上调料（除芝麻）加入小碗，加凉开水兑汁。
4. 将汁调好后加芝麻淋在牛肉片上即成。

面皮捞牛肉

小提示

面皮捞牛肉
● 牛肉中含的钾有预防心脑血管系统、泌尿系统疾病的作用。

绿色面条
● 绿色面条能解毒消肿、宽肠通便、开胃提神、提高免疫力。

绿色面条

🐨 原料

绿色面条35克，牛里脊肉60克。

🍴 调料

色拉油、盐、鸡精、米醋、香菜各适量。

🥄 制作方法

1. 烧开一锅水，在等待水开的时候，将牛肉洗净切块。
2. 等水烧开后，下入面条，用筷子挑动防粘连。
3. 炒锅中放油，将切好的牛肉放入炒锅翻炒至牛肉变色，冲入2杯热水。
4. 将面条煮熟捞入碗中，放入炒好了的牛肉，加盐和鸡精调味，淋入少许米醋，撒上香菜，即可出锅装碗。

四季豆焖面的注意事项：

　　四季豆本身含有毒素，烹调时间不宜太短，否则容易中毒；但时间过长，会使其中的营养素损失殆尽。炒四季豆的时候，可以先用水焯一下再下锅，炒到四季豆颜色不再翠绿，开始发黄时就证明熟了；面条不宜蒸得过烂，否则用筷子挑不起来，影响食欲。

🍲 原料

面粉300克，四季豆150克，肉末100克。

🍴 调料

葱、姜、大蒜、大料、食盐、酱油、植物油各适量。

🥄 制作方法

① 取面粉适量，加入一小勺食盐，分次倒入温水，用筷子搅拌成面絮。

② 将面絮揉成光滑的面团，盖上保鲜膜饧20分钟。

③ 把面团切成5~8厘米厚的片状，放在压面机上用1挡压成薄厚均匀的面片。

④ 逐渐增加挡位，多次重复压出薄厚均匀且光滑的面片，并撒适量面粉或玉米粉防止粘连。

⑤ 用最细孔压出面条即可。

⑥ 压好的面条撒适量干粉。

⑦ 四季豆择去根筋，洗净掰成段，葱、姜、大蒜分别切末。

⑧ 蒸锅刷上油，面条抖开上锅。

⑨ 大火蒸10分钟，蒸好的面条抖开。

⑩ 放两勺植物油拌匀晾凉。

⑪ 锅内放油煸香葱末、姜末、大料，放入肉末，煸炒至肉末变色。

⑫ 放入四季豆，加入少量的食盐，烹入酱油，继续煸炒。

⑬ 放入适量清水，改小火焖5分钟。

⑭ 开盖放入面条，盖盖小火焖2分钟，放入少许食盐。

⑮ 开盖将面条和四季豆搅拌均匀，放入蒜末。

⑯ 最后用筷子将面条、四季豆和蒜末拌匀出锅即可。

小提示

四季豆焖面
● 四季豆有调和脏腑、益气健脾、消暑化湿和利水消肿的功效。

糊涂面

🍲 原料

玉米面少许，面条500克，西红柿1个，木耳适量。

🍴 调料

小葱、香油、食盐、味精、熟芝麻仁、高汤各适量。

🍶 制作方法

1. 木耳、葱、西红柿洗净，小葱切葱花，西红柿切块，木耳撕碎。
2. 锅中放高汤，先下少许玉米面，小火煮20分钟。
3. 再放入木耳、西红柿、面条、食盐、味精，面条煮熟后撒熟芝麻仁、葱花，淋入香油即可。

小提示

糊涂面
● 西红柿含有亚油酸和维生素E，能使人体内胆固醇水平降低，从而减少动脉硬化的发生。

鸡丝凉面
● 鸡肉有养心益肾、除热止渴、温中益气、补虚填精、健脾胃、抗衰老的功效。

🍲 原料

鸡蛋面400克，鸡脯肉100克，熟花生仁30克，鸡蛋1个。

🍴 调料

葱、熟植物油、食盐、酱油、白糖各适量。

🍶 制作方法

1. 葱洗净，切葱花；鸡脯肉洗净，切丝，焯熟；鸡蛋打散，入油锅摊成蛋皮，取出切丝备用。
2. 鸡蛋面入沸水中煮熟捞出，加少许熟植物油拌匀入盘，放入花生仁、葱花、蛋皮丝、鸡脯肉丝，加食盐、酱油、白糖拌匀即可。

鸡丝凉面

原料

细面条200克，猪肉80克，油菜3棵，胡萝卜、洋葱各适量。

调料

食盐、胡椒酱、酱油、植物油各适量。

制作方法

① 猪肉洗净，切片，用酱油腌制，静置10分钟，胡萝卜洗净，切片，洋葱洗净切圈，油菜洗净备用。

② 锅中加水沸腾后，放入面条煮熟，捞出备用。

③ 将猪肉片放入热油锅翻炒，然后将胡萝卜片和油菜一起翻炒。

④ 放入胡椒酱、食盐、酱油，改转小火拌炒3分钟后，再放入面条翻炒均匀撒点洋葱圈即可。

小提示

铁板牛肉炒面

● 牛肉有补中益气、滋养脾胃、强健筋骨、化痰息风、止渴止涎之功效，适宜中气下隐、气短体虚、筋骨酸软、贫血久病及面黄目眩之人食用。

铁板牛肉炒面

🥘 原料

面条180克，肥肠20克，油菜心1棵，青尖椒、红尖椒各适量。

🍴 调料

泡椒、泡姜、干辣椒、花椒、醋、辣椒油、食盐、高汤各适量。

🍳 制作方法

① 将油菜心洗净，掰开，青、红尖椒洗净切丝，泡椒和泡姜切块备用。

② 肥肠洗净切块，油锅烧热，先把泡椒、泡姜、干辣椒、花椒一起放入锅里煸炒，煸炒出味放肥肠翻炒一会儿。

③ 翻炒肥肠变得稍干时，放入油菜心、青尖椒、红尖椒翻炒2分钟，加入高汤。

④ 大火将汤烧开，再转中火煮上10分钟，煮好后，将汤盛出备用。

⑤ 锅里烧水煮面，煮好后将面条捞入碗中。

⑥ 将煮肥肠的汤倒进碗里，放入辣椒油、醋、食盐搅拌均匀即可。

小提示

肥肠面

● 尖椒有润燥、补虚、止渴止血之功效，可用于缓解虚弱口渴的症状。

肥肠面

肥肠米线

🍲 原料

米线250克，肥肠150克。

🍴 调料

红辣椒、老抽、花椒、泡姜、蒜、料酒、豆瓣酱、葱、八角、山奈、胡椒粒、食盐各适量。

🥄 制作方法

1. 将葱、红辣椒洗净，红辣椒切段，葱切葱花备用。
2. 肥肠洗净，理去肠管内多余的油，放入沸水中煮开，捞起肥肠沥干，切成小块。
3. 锅中放油，烧至七八成熟的时候倒入肥肠，爆香，捞起肥肠沥油。
4. 另起油锅，放入泡姜、蒜、豆瓣酱、花椒，炒香后放入肥肠爆炒，烹入料酒及老抽。
5. 加水约1500毫升，放入八角、山奈、胡椒粒，煮开后倒入高压锅中。
6. 高压锅炖30分钟后放入碗中。
7. 烧水至沸腾，放米线，2~3分钟后捞到碗里，加入肥肠，放入葱花、食盐、红辣椒搅拌均匀即可。

 小提示

肥肠米线
- 肥肠具有润燥、补虚、止渴止血的功效。

担担面

🥢 原料

面条200克，猪肉末400克，豆芽少许，熟花生仁、菠菜各适量。

🍴 调料

葱末、姜末、蒜蓉、辣椒油、老抽、料酒、花椒面、猪油、米醋各适量。

🥄 制作方法

1. 锅置火上倒猪油烧热，倒入猪肉末炒散，盛出备用。
2. 锅中放入葱末、姜末、蒜蓉爆香，再放入辣椒油、炒散的肉末煸炒，加料酒、老抽、米醋调味，出锅时放入花椒面炒匀制成酱料。
3. 锅内加水烧沸，将面条煮熟，捞入碗中，淋上炒好的酱料。
4. 将菠菜、豆芽洗净，焯熟，加入碗中，放上熟花生仁即可。

> **小提示**
>
> 担担面
> ● 该食品含有丰富的淀粉、蛋白质以及钙、铁、磷、钾、镁等矿物质，有养心益肾、健脾厚肠的功效。

🐨 原料

乌冬面1袋，鱿鱼、虾仁、洋葱各适量。

🍴 调料

食盐、料酒、香菜、葱段、老抽、蚝油、鸡精各适量。

🥄 制作方法

1. 洋葱洗净切丝，虾仁、鱿鱼焯熟，香菜切段备用。
2. 乌冬面用微波炉打热，大约2分钟。
3. 把锅烧热，放油，倒入切好的洋葱、虾仁和鱿鱼翻炒。
4. 将乌冬面放入锅中，加入调味料翻炒均匀，撒入香菜段即可。

海鲜炒乌冬面

小提示

海鲜炒乌冬面
● 该面可以降低血液中胆固醇的含量，能够缓解疲劳、恢复视力。

咖喱鸡肉面
● 鸡肉具有健脾、暖胃、提高肝脏机能、解消便秘、补充精力等功效。

咖喱鸡肉面

🐨 原料

面条200克，鸡肉150克，菠菜100克。

🍴 调料

洋葱、植物油、酱油、淀粉、咖喱粉、食盐、料酒各适量。

🥄 制作方法

1. 洋葱洗净，切末，菠菜洗净，切段备用。
2. 鸡肉洗净，切片，加入酱油、淀粉腌渍10分钟左右。
3. 面条煮熟，捞出沥干水分备用。
4. 油锅烧热，放入鸡肉片炒到变色，盛出碗中，锅中加入洋葱末炒软，再将煮好的面条、鸡肉片、菠菜段、食盐、料酒翻炒至入味，放入咖喱粉即可。

🍲 原料

面条100克，油菜、水发木耳各少许，鸡肉100克，西红柿1个。

🍴 调料

葱1根，姜1块，蒜2瓣，食盐3小勺，糖1小勺，酱油1小勺，料酒1小勺，食用油适量。

🥄 制作方法

1. 油菜洗净切段，入沸水中焯熟，西红柿洗净切块，鸡肉、木耳洗净切成丝，葱、姜、蒜洗净，切碎备用。
2. 面条煮熟过凉水控干水分。
3. 锅中放油，爆香葱碎、姜碎，下入鸡丝煸炒。
4. 炒至鸡丝变色下入木耳、料酒、酱油、糖、食盐一起煸炒。
5. 放入煮好的面条，搅拌均匀。
6. 出锅前加入蒜碎翻炒均匀，加入焯熟的西红柿炒匀即可。

小提示

鸡丝炒面
● 该食品具有抗氧化和一定的解毒作用，在改善心脑功能、促进儿童智力发育方面，有较好的作用。

鸡丝炒面

番茄肉酱面

🐨 原料

面条250克，肉末150克，番茄1个，圣女果少许。

🍴 调料

香菜、植物油、食盐、白糖、酱油、番茄酱、葱末各适量。

🍳 制作方法

1. 将香菜洗净，切段，番茄洗净，去皮，切末。
2. 锅中倒入植物油，放入肉末炒至变色出油，加酱油、番茄酱、番茄末翻炒均匀，倒入适量水，大火煮至汤浓稠，加食盐、白糖，制成番茄肉酱汁。
3. 面条放入沸水锅中煮熟，捞入凉水中过凉，捞出沥水，浇上番茄肉酱汁，撒上葱末拌匀，香菜、圣女果摆盘即可。

小提示

番茄肉酱面
● 番茄中含有番茄素，番茄素具有独特的抗氧化能力，能清除自由基，保护细胞，使脱氧核糖核酸及基因免遭破坏，具有延缓衰老的功效。

香辣茄汁培根面

🐷 原料

意大利面条200克，培根100克，胡萝卜50克，红椒少许。

🥄 调料

香菜、食盐、鸡精、橄榄油、白糖、番茄酱各适量。

🍳 制作方法

① 锅内加水，煮开后加1小匙的食盐，之后把意大利面条放入锅内，用筷子搅拌至面都软下来浸没在水里，30分钟后将面条捞出，入凉水中过凉后捞出入盘。

② 红辣椒、胡萝卜洗净，切丝，香菜洗净切段备用。

③ 将培根洗净，切碎备用。

④ 锅内倒入橄榄油，将培根碎翻炒5分钟后，放入红辣椒丝和胡萝卜丝翻炒2分钟。

⑤ 将番茄酱倒入锅内，加食盐、鸡精搅拌均匀，之后加200毫升的水煮开，小火慢炖10分钟。

⑥ 酱料煮开后直接浇在意大利面上，最后放上一些香菜、浇一点点橄榄油，撒少许白糖即可。

小提示

香辣茄汁培根面
● 该食品具有健脾养脾、开胃消食、养胃健胃之功效，肥胖人士不宜多食，老年人忌食。

油泼辣子面

🍲 原料

宽面100克，油菜1棵。

🍴 调料

葱末若干，色拉油少许，油泼辣子2大勺，生抽少许。

🥄 制作方法

① 汤锅加水烧开后下入面条和油菜，用筷子挑动，烧开后转小火煮2~3分钟。

② 面条、油菜煮熟捞起，沥干水分，放入碗中，放生抽、葱末，淋油泼辣子即可。

小提示

油泼辣子面
● 此面具有养胃健胃、开胃消食、滋阴润燥、养心安神、延年益寿之功效。

豆瓣酱炒面
● 该食品有补中益气、健脾利湿、止血降压、增强免疫力、改善贫血之功效。

豆瓣酱炒面

🍲 原料

面条100克，黑木耳几朵，油菜1根，培根适量。

🍴 调料

红辣椒少许，豆瓣酱50克，色拉油适量。

🥄 制作方法

① 油菜、黑木耳洗净切碎；红辣椒切碎；汤锅水烧开后，下入面条，用筷子挑动，防止糊底；培根切碎备用。

② 炒锅倒油烧热，下入红辣椒碎、培根碎炒至变色，放油菜、黑木耳、豆瓣酱炒匀。

③ 将汤锅中已经烫软的面条捞出，沥干水分后倒入炒锅中翻炒均匀即可。

浇汁米线

 原料

米线300克，鸡胸肉300克。

调料

香菜、花椒、香油、蒜苗、大茴、豆瓣酱、榨菜、食盐各适量。

 制作方法

1. 鸡肉洗净切丁备用。
2. 锅内放油，先把花椒炸香捞出。
3. 加入豆瓣酱和大茴炒香后放入切好的鸡丁进行翻炒。
4. 鸡肉熟时加入一些水、食盐慢火炖制提炼酱汤，在米线的汤里就不用再加盐了。
5. 准备好米线，将蒜苗切碎，榨菜切粒备用。
6. 将米线下入锅里烫一下，捞出盛入配好料的碗中。
7. 碗内盛入高汤，浇上带汁的鸡肉、撒上香菜叶、滴少许香油即成。

小提示

浇汁米线
● 鸡胸肉具有健胃消食的功效，可防治营养不良、食欲缺乏等症。

🐚 原料

真空米线1包，猪肉150克，韭菜、豆芽各适量。

🍴 调料

红辣椒、鸡精、生抽、拌饭酱、食盐、味精各适量。

🍳 制作方法

1. 韭菜、豆芽、红辣椒、猪肉洗净，切丝备用。
2. 锅里放水烧开，倒入一包米线，加盖浸泡3分钟后，用筷子打散，再盖上盖子焖两分钟，捞出沥干水分。
3. 平底锅放油烧热，倒入猪肉炒至变色后，倒入焯水过的米线加两汤匙拌饭酱和半汤匙生抽。
4. 调中大火，用筷子不断翻炒米线，加入鸡精、食盐、味精翻炒3分钟左右后，倒入备好的豆芽、韭菜。
5. 炒匀后，稍微加点水，继续翻炒至水分收干，撒上香菜和红辣椒丝即可。

> **小提示**
>
> 炒米线
> ● 猪肉有润肠胃、生津液、补肾气、解热毒的功效。

炒米线 ≫

🍲 原料

面条100克，牛肉80克，红萝卜20克，红甜椒20克，芹菜50克。

🍴 调料

色拉油、沙爹酱、咖喱粉、蚝油、食盐、酱油、胡椒粉、葱各适量。

🥄 制作方法

① 红萝卜、红甜椒、芹菜洗净，切丝，葱洗净，切末备用。

② 牛肉洗净切丝，加入腌料拌匀，静置30分钟，面条加入滚水中烫3分钟，捞出晾凉。

③ 取锅烧热后加入1大匙沙拉油，放入腌牛肉炒至变白，再放入红萝卜丝、红甜椒丝、芹菜丝及葱末翻炒，加入水及所有调味料。

④ 放入面条，以小火均匀拌炒2分钟即可。

小提示

沙爹牛肉炒面
● 红萝卜中所含的维生素A，可促进血红素增加，提高血液浓度及血液质量，红萝卜中还含有大量的铁，有助于补血。

沙爹牛肉炒面

油泼扯面

🐷 原料

面粉300克。

🍴 调料

蒜、姜、生抽、葱、老陈醋、辣椒粉、植物油、食盐各适量。

🔨 制作方法

1. 将适量水和食盐倒入面粉里搅拌6~7分钟，揉成光滑面团。
2. 揉好的面团盖上保鲜膜饧30分钟。
3. 蒜、葱、姜分别切末，生抽、陈醋调配好，辣椒粉备好。
4. 饧好的面团搓成长条状，均匀切割成小剂子，大约一个30克。
5. 切好的剂子搓成圆筒状，放在刷上一层油的盘子上，面团上刷一层油，盖上保鲜膜，饧1个小时。
6. 饧好面团擀成长条状，用擀面杖在中间横压一下，两手揪住面的两端将面扯长。
7. 锅下水烧开，下入扯好的面条，煮2~3分钟，捞出盛在碗内。
8. 将调配好的酱汁浇1汤匙入面上，蒜、葱、姜、辣椒粉码在面上，油烧热至七八成热时，立马泼在辣椒粉和葱、姜、蒜末上，拌匀即可。

小提示

油泼扯面
● 面粉富含蛋白质、糖类、维生素和钙、铁、磷、钾、镁等矿物质，有养心益肾、健脾厚肠、除热止渴的功效。

🥢 原料

面粉400克，黑木耳3朵，西红柿1个，
鸡蛋1个，菠菜20克。

🍴 调料

葱花、酱油、食盐、油、料酒各适量。

🍳 制作方法

1. 将面粉放入盆中，加少许食盐，一边加入清水一边用筷子搅拌成絮状，然后用手揉成稍硬一点的面团，将揉好的面团盖上湿布或保鲜膜饧20分钟。

2. 黑木耳泡发后洗净，分成小朵，西红柿洗净，去皮，切块，菠菜洗净，切成段。

3. 锅中倒油，烧至七成热，放入葱花爆香，倒入蛋液，蛋液稍微定型后翻炒，加入几滴料酒再翻炒几下，然后放入西红柿、菠菜和黑木耳，加酱油和适量清水翻炒均匀，加食盐调味即成配菜。

4. 饧好的面团放在案板上反复揉搓至表面光滑，然后将面团擀成约1厘米厚的面饼，切成宽约1厘米的细条，再将面条切割成1厘米见方的小丁。

5. 取一个小面丁，在竹帘上用大拇指轻轻按压，然后顺势向前搓一下，一个麻食就搓好了。大火烧开锅中的水，下入搓好的麻食，并不断搅拌以免粘连，待麻食煮至漂浮在水面上时关火。

6. 将煮好的麻食捞出，倒入配菜中，搅拌均匀即可食用。

> **小提示**
>
> 烩麻食
> ● 木耳可以把残留在人体消化系统内的灰尘、杂质吸附集中起来排出体外，从而起到清胃涤肠的作用。

烩麻食

Part 3 饺子·馄饨

迷你虾仁饺

🍲 原料

虾200克，五花肉200克，胡萝卜半根，鸡蛋1个，面粉250克。

🍴 调料

细盐3克，料酒1小勺，油、葱花各少许。

🍵 制作方法

1. 盆中装入面粉，撒入1克细盐，冲入115毫升清水，和成光滑的面团，盖上干净湿布，饧15～20分钟。案板上撒上干面粉，将面团再揉搓一次，然后搓成长条，切成每个5克左右的小剂子，将小剂子按扁，擀成薄片即可当饺子皮了。

2. 将五花肉切末，将虾去头，去壳，去虾线，洗干净，剁成虾泥，将胡萝卜、葱花切末。然后一起放入大碗中，磕入鸡蛋，加入盐、油、料酒，用筷子朝一个方向搅拌2分钟即可成馅。

3. 取一张饺子皮，放上适量馅，对折后将两边捏紧，依次将所有的饺子做好，码在撒了面粉的平盘上。

4. 烧开一锅水，下入新鲜包好的饺子，用铲子适当地推动饺子，防止粘锅底，再次滚开后冲入一碗冷水，反复2次，皮子浮上水面，即可捞出饺子食用。

> **小提示**
>
> 迷你虾仁饺
> ● 虾具有抗衰老、促进细胞增殖的作用，既能激活大脑功能，又可增强青春活力，有助于防止大脑的老化，防止老年痴呆症。

原料

面粉500克，鸡脯肉、韭黄各150克，水发海参、虾肉、干贝或蟹肉各50克。

调料

酱油、食盐、胡椒粉、香油、味精、清汤各适量。

 制作方法

1. 将鸡脯肉洗净，剁成蓉，加胡椒粉、酱油、食盐、味精、香油和适量清汤搅匀；再把虾肉、干贝洗净剁成末，海参洗净切成豆粒大小的丁，韭黄洗净，沥干，切成末，把虾肉末、干贝末、海参丁、韭黄末掺在鸡蓉里一起搅拌成馅备用。
2. 将面粉用适量水和匀揉透，搓成长条，按每10克1个揪成小剂，按扁，擀成中间稍厚的圆皮，包入馅，捏成半月牙形饺子，下沸水锅内煮熟，捞出即可。

> **小提示**
>
> 三鲜饺子
> ● 虾中含有丰富的镁，镁对心脏活动具有重要的调节作用，能很好地保护心血管系统，减少血液中胆固醇含量，防止动脉硬化。

三鲜饺子

青椒猪肉馄饨

🍲 原料

馄饨皮、青椒、猪肉、黑木耳末各适量。

🍴 调料

猪骨头汤、干紫菜、葱末、姜末、酱油、食盐、鸡精、植物油、香油各适量。

> 小提示
>
> 青椒猪肉馄饨
> ● 该食品具有解热、镇痛、增加食欲、帮助消化等功效。

🥄 制作方法

1. 青椒洗净，去蒂、籽，切碎，加植物油拌匀，猪肉洗净，剁成末，加酱油、食盐搅拌入味，加青椒末、葱末、姜末、黑木耳末、鸡精、植物油、香油拌匀，制成馅料。
2. 取馄饨皮，包入馅料，做成馄饨生坯。
3. 锅内加猪骨头汤烧沸，放入葱末、姜末、干紫菜、盐、鸡精、香油调味。
4. 另起锅加清水烧沸，下入馄饨生坯煮熟，用漏勺捞入碗内，浇上调好味的骨头汤即可。

🍲 原料

馄饨皮20张，猪肉末100克。

🍴 调料

料酒、辣椒油、酱油、味精、食盐、葱花、香油各适量。

🥄 制作方法

1. 将猪肉末放入碗内，加入食盐和料酒腌制入味。
2. 另取一空碗，放入辣椒油、酱油、香油、味精、葱花制成调味汁。将腌好的肉馅包入馄饨皮内，下入沸水中煮熟，捞出，淋上调味汁即可。

> 小提示
>
> 红油馄饨
> ● 该食品可改善肾虚体弱、燥咳，具有补虚、滋阴、润燥、滋肝阴、润肌肤、利小便等功效。

红油馄饨

香菇芹菜牛肉饺

🍲 原料

新鲜香菇3个，芹菜1小把（约200克），鸡蛋1个，牛肉250克，饺子皮60张。

🥄 调料

食盐3克，鸡精1克，料酒1小勺，姜粉1克，辣椒粉、醋各适量。

🍳 制作方法

1. 将香菇、芹菜、牛肉清洗干净，将牛肉、香菇切成末，芹菜焯水后也切成末。
2. 将切好的材料放入大碗中，磕入鸡蛋，加入食盐、料酒、鸡精、姜粉，用筷子朝一个方向搅拌2分钟，做成饺子馅。
3. 取一张饺子皮，放在手心，将适量饺子馅放入中央位置，对折，用手将饺子两边打褶按紧至不露馅即可。取一小碟，加入辣椒粉、醋等制成调味汁。
4. 烧开一锅水，放入饺子，再次烧开后加入一小碗冷水，反复3次，饺子浮出水面即可捞出，蘸调味汁食用。

小提示

香菇芹菜牛肉饺
● 芹菜含有酸性的降压成分，对于各种类型的高血压均有显著的缓解作用。

虾仁豆腐饺子

 原料

明虾250克，娃娃菜150克，胡萝卜半根，老豆腐2块，饺子皮60张。

调料

食盐3克，色拉油2大勺，鸡精2克，葱末、姜末、料酒各适量。

 制作方法

1. 将明虾放入冰箱冷冻半小时，剥掉虾壳，去掉虾线，取出虾仁，用葱末、姜末、料酒去腥，剁成虾泥。

2. 将豆腐焯水，冷却后用手抓成豆腐泥，将胡萝卜和娃娃菜切末，取一只大碗装入所有食材，加入食盐、料酒、色拉油、鸡精、葱末、姜末，用筷子朝一个方向搅拌2分钟制成馅。

3. 取一张饺子皮，放在手心，将适量饺子馅放入中央位置，对折，用手将饺子两边按紧至不露馅即可。

4. 烧开一锅水，放入饺子，再次烧开后加入一小碗冷水，反复3次，饺子浮上水面捞出，蘸调味汁食用即可。

小提示

虾仁豆腐饺子
● 胡萝卜中含有皂苷，可清除体内自由基，具有显著的抗衰老活性，此外，还具有抑制血小板聚集，抗血栓的功效。

🐚 原料

面粉500克，鸡蛋5个，鲜贝肉100克，黄瓜200克。

🍴 调料

食盐、味精、胡椒粉、香油、水淀粉、植物油各适量。

🎸 制作方法

1. 鸡蛋磕入碗内，打散，入油锅中炒熟，晾凉，鲜贝肉洗净。
2. 将面粉加沸水和成烫面团，稍饧片刻。
3. 黄瓜洗净，剁碎，与鸡蛋、鲜贝肉一起加入食盐、味精、胡椒粉搅匀制成馅。
4. 将饧好的面团揉匀，搓条，切剂，擀成皮，包入馅，捏严封口。
5. 平底锅置火上，倒油烧热，放入饺子生坯，当饺子底部煎至金黄色时，淋入水淀粉，盖上锅盖焖3分钟，其间要不停地转动平底锅，见水分渐干，呈网状冰花时，淋入香油，稍煎即可出锅。

小提示

冰花煎饺
● 黄瓜中含有丰富的维生素E，有抗衰老的作用。

冰花煎饺

原料

鸡蛋1个，胡萝卜大半根，西蓝花菜梗1个，牛里脊肉300克，小平菇十几个，饺子皮适量。

调料

食盐3克，大酱30克，料酒1小勺，葱花、醋、色拉油各适量。

制作方法

1. 将买来的饺子皮，用擀面杖重新擀薄，然后沿着小碗边重新切出新的圆形面片。
2. 将鸡蛋磕入碗中，打散，入锅炒熟，胡萝卜、西兰花菜梗、小平菇，分别焯熟剁碎，再将牛里脊肉焯透，剁碎。
3. 将做法2中的所有材料混合，加入食盐、色拉油、料酒、大酱搅匀制成馅。
4. 取一张饺子皮放在手心，涂上半圈清水，将适量饺子馅放入中央位置，对折，用手将饺子两边按紧，再将两头捏紧至不露馅即可。
5. 烧开一锅水，放入饺子，再次烧开后加入一小碗冷水，反复3次，饺子浮上水面捞出，将葱花、醋调成味汁，搭配饺子食用即可。

小提示

牛肉蔬菜饺子
- 牛肉能提高机体抗病能力，对生长发育及手术后、病后调养的人在补充失血、修复组织等方面特别适宜。

牛肉蔬菜饺子

香椿鲜肉水饺

🍲 原料

香椿200克，五花肉200克，鸡蛋1个，饺子皮60张。

🍴 调料

料酒5毫升，鸡精1克，食盐2克。

🥄 制作方法

1. 将香椿洗净、焯水后和五花肉一起切末，倒入大碗中，磕入鸡蛋，加入食盐、料酒、鸡精，用筷子朝一个方向搅拌2分钟。
2. 取一张饺子皮，放在手心，将适量饺子馅放入中央位置，对折，用手将饺子两边按紧至不露馅即可。
3. 烧开一锅水，放入饺子，再次烧开后加一小碗冷水，反复3次，饺子浮上水面即可捞出，蘸调味汁食用。

小提示

香椿鲜肉水饺
● 香椿含有维生素E，有抗衰老和补阳滋阴的作用，并有很好的润滑肌肤的作用。

羊肉饺子

🍲 原料

面粉500克，羊肉400克，白菜200克。

🍴 调料

香油、酱油、料酒、葱姜汁、花椒水、胡椒粉、食盐、味精各适量。

🥄 制作方法

① 白菜洗净，剁碎，挤干水分，羊肉洗净，剁成末，加入料酒、酱油腌制一会儿，加葱姜汁、花椒水搅打至起胶时，加入白菜末和胡椒粉、食盐、味精、香油，搅匀成馅备用。

② 将面粉用适量凉水和少许盐和匀揉透制成面团，搓成细条，切成每10克1个的剂子，擀成中间稍厚的圆皮，抹上馅，捏成饺子形，下入沸水锅内，煮熟捞出即可，蘸调味汁食用。

小提示

羊肉饺子
● 羊肉有益血、补肝、明目之功效，对缓解产后贫血、肺结核、夜盲、白内障、青光眼等症有很好的效果。

原料

面粉500克，猪肉250克，鸡脯肉150克，大白菜200克。

调料

葱花、姜末、食盐、鸡精、香油、清汤、辣椒油、醋各适量。

制作方法

① 猪肉、鸡脯肉分别洗净，剁成末，加食盐、鸡精、清汤搅匀，大白菜洗净，用沸水焯软，挤干水分，切碎，与猪肉末、鸡肉末、葱花、姜末、香油拌匀制成肉馅，辣椒油、醋制成味汁。

② 面粉加凉水和成面团，饧透，切成小剂子，擀成饺子皮，包入肉馅，捏成饺子生坯。

③ 锅置火上，倒水煮沸，饺子放入沸水锅中煮至浮起，分两次点入少许凉水，煮熟捞出，蘸味汁食用即可。

小提示

鸡肉饺子
● 鸡肉具有温中益气、补肾填精、养血乌发、滋润肌肤的作用。

鸡肉饺子

原料

面粉500克，韭黄100克，鸡蛋100克，虾皮150克，胡萝卜50克，大白菜200克。

调料

姜末、食盐、鸡精、植物油各适量。

 制作方法

1. 大白菜、韭黄洗净，切碎，加入姜末、虾皮、植物油、食盐、鸡精拌匀，调制成馅料，胡萝卜切成小碎块，鸡蛋打散炒熟，用筛网碾碎。
2. 面粉加沸水制成汤面团，稍饧，揉匀搓成条，下剂，擀成饺子皮，包入馅料，捏成鸳鸯形饺子生坯，在两边洞内分别放入胡萝卜碎和鸡蛋碎，入笼蒸8分钟即可。

小提示

鸳鸯蒸饺
● 胡萝卜含有膳食纤维，可促进排便，并含有一定量的胡萝卜素，对眼睛以及提高人体免疫力都有益处，是营养丰富的蔬菜。

鸳鸯蒸饺

四喜饺子

 原料

面粉200克，虾肉300克，熟蛋黄、熟蛋白、胡萝卜、扁豆各50克。

调料

食盐、酱油、味精、香油各适量。

制作方法

① 将面粉加入少许水和成面团，饧一会儿，用手搓成长条，揪成小剂子，再用擀面杖擀成饺子皮，扁豆用沸水焯熟，切成末，胡萝卜洗净切成末，将熟蛋黄和熟蛋白分别剁碎，将虾肉洗净，剁成蓉，加入食盐、味精、香油、酱油搅拌均匀制成馅。

② 将拌好的虾肉馅放入饺子皮上，将面皮的对边向上捏在一起，注意旁边不要捏实，留4个洞口。

③ 将蛋白末、蛋黄末、胡萝卜末、扁豆末分别填在4个洞口内，上笼蒸8分钟即可。

小提示

四喜饺子
● 虾的营养价值极高，能增强人体的免疫力，对身体虚弱及病后需要调养的人都有很好的补益功效。

牛肉三角饺

 原料

面粉500克，牛肉300克，猪肉丁100克，鸡蛋2个，胡萝卜1根。

调料

葱末、姜末、料酒、食盐、鸡精、酱油、白糖、植物油、香油、蒜泥各适量。

制作方法

1. 牛肉洗净，剁成末，胡萝卜洗净切末，加猪肉丁、白糖、酱油、料酒、鸡蛋液、食盐、鸡精，顺一个方向搅成糊状，加植物油、香油、葱末、蒜泥、姜末继续搅拌均匀，制成馅料。
2. 面粉加凉水和成面团，搓成均匀的长条，切成小剂，擀成饺子皮。
3. 取饺子皮包入馅料，做成三角形状。
4. 锅内加清水烧沸，下入水饺生坯煮熟，用漏勺捞出装盘即可食用。

小提示

牛肉三角饺

● 牛肉中含有的锌是一种有助于合成蛋白质、能促进肌肉生长的抗氧化剂，对抗衰老具有积极意义，牛肉中含有的钾有预防心脑血管系统、泌尿系统疾病的作用。

原料

面粉600克，鲜鱼500克，猪肥膘肉、油菜末各100克。

调料

酱油、香油、植物油、料酒、食盐、味精、胡椒粉、清汤各适量。

 制作方法

1 将鲜鱼洗净，去鳞、骨，猪肥膘肉洗净，和鱼肉一起剁成蓉，加酱油、料酒、清汤搅成糊状，再加食盐、胡椒粉、油菜末、味精、香油搅匀制成馅。

2 面粉加少许植物油和食盐，用适量凉水和匀揉透，搓成细条，切成小剂，擀成圆皮，抹上馅。

3 将面皮对折合拢，捏成饺子生坯，下入沸水锅内，煮熟捞出即可。

小提示

鱼肉饺子
● 鱼肉中含有叶酸、维生素B_2、维生素B_{12}等维生素，有滋补健胃、利水消肿、通乳、清热解毒、止嗽下气的功效。

鱼肉饺子

碧绿蒸饺

原料

面粉500克，菠菜汁适量，虾仁200克，猪肉末150克。

调料

葱花、姜末、酱油、食盐、味精、胡椒粉、红油辣子、熟白芝麻、香油各适量。

制作方法

1. 面粉加清水、菠菜汁揉成面团，稍饧。
2. 虾仁去除沙线，洗净，切粒，加入猪肉末、葱花、姜末、酱油、食盐、味精、胡椒粉、香油，搅拌均匀后制成馅料，红油辣子、熟白芝麻调匀，制成味汁。
3. 面团搓成长条，每10克切成1个面剂，擀成圆片，包入馅料，捏成"半月形"饺子状，上笼蒸熟，食用时搭配味汁即可。

小提示

碧绿蒸饺

● 菠菜汁中含有大量的植物粗纤维，具有促进肠道蠕动的作用，利于排便，且能促进胰腺分泌，帮助消化。

煎馄饨

🥘 原料

芹菜200克，牛肉250克，蛋清少许，馄饨皮若干。

🍴 调料

食盐、老抽、鸡精、白胡椒、姜粉、色拉油、醋、辣椒酱、水淀粉、白芝麻、葱花各适量。

🍳 制作方法

1. 芹菜、牛肉均洗净切末，加入食盐、老抽、蛋清、鸡精、白胡椒、姜粉和色拉油，用筷子朝一个方向搅拌2分钟制成馅。
2. 取一张馄饨皮，放在手心，包上馄饨馅，对折，再对折，将两头搭在一起捏紧，依次将所有的做好。
3. 平底锅烧热，淋上2勺油，转入小火，码入馄饨，不要太拥挤，小火煎2分钟后淋入100毫升水淀粉，撒上白芝麻，盖上盖子，转中火煎3分钟左右，煎至汤干，撒入葱花，再盖上盖子，煎半分钟左右，听到噼啪作响声，关火，闷1分钟搭配醋和辣椒酱食用即可。

小提示

煎馄饨
● 牛肉具有增长肌肉、增强力量的功效。

油炸馄饨

原料

馄饨500克。

调料

白糖、植物油、香油、葱末、蒜末、花椒粉各适量。

制作方法

① 取一只碗，加入白糖、香油、葱末、蒜末、花椒粉调匀制成调味汁备用。

② 锅内放植物油烧热，放入馄饨炸至金黄，捞出沥油，装盘。

③ 将调味汁烧在馄饨上，撒点葱末即可。

小提示

油炸馄饨
● 该食品具有健脾养脾、养胃健胃、补气益气的功效。
紫菜馄饨
● 紫菜具有化痰软坚、清热利水、补肾养心的功效。

原料

胡萝卜1小根，鸡蛋1个，五花肉200克，大馄饨皮80张，虾米少许。

调料

食盐2克，料酒1小勺，老抽1小勺，鸡精1克，姜粉1克，紫菜、葱花、米醋、香菜末、香油各适量。

紫菜馄饨

制作方法

① 五花肉、胡萝卜切成末，倒入碗中，磕入鸡蛋，加入食盐、料酒、老抽、鸡精和姜粉，用筷子朝同一个方向搅拌2分钟制成馅。

② 取一张馄饨皮，放在手心，包上馄饨馅，从下往上折，再折一次，将两头搭在一起捏紧。

③ 水烧开后，将馄饨下入，煮熟。将适量的紫菜、葱花、食盐、鸡精、米醋、香油放入碗中，冲入一杯热水，搅拌均匀制成汤底，放入馄饨，撒入香菜末和虾米、淋上香油即可。

猪肉茄子饺子

 原料

面粉500克，茄子250克，猪五花肉丁300克。

调料

干红辣椒末、葱末、姜末、酱油、植物油、香油、食盐、鸡精、蒜泥各适量。

制作方法

① 茄子去皮，洗净，切碎，加食盐腌渍后挤去水分，加酱油、食盐搅拌均匀。

② 猪肉丁加入茄子碎、干红辣椒末、葱末、姜末、植物油、香油、鸡精搅匀，制成馅料，醋、蒜泥调成味汁。

③ 面粉加凉水和成面团，搓条，下剂，擀皮，包入馅料，做成水饺生坯。

④ 锅内加清水烧沸，下入水饺生坯煮熟，捞出装盘，蘸味汁食用即可。

小提示

猪肉茄子饺子
● 茄子含有维生素E，有防止出血和抗衰老的功能。

原料

饺子皮500克，鸡蛋1个，韭菜、猪肉末各300克，芹菜少许。

调料

植物油、食盐、酱油、香油、姜末各适量。

 制作方法

1. 韭菜择洗干净，切末，芹菜洗净切片摆盘装饰。
2. 将猪肉末放入碗中，加入韭菜末、植物油、食盐、酱油、香油、姜末拌匀，磕入鸡蛋拌匀制成馅料。
3. 取饺子皮包入馅料制成饺子，锅内放水煮沸，放入饺子煮熟，捞出装盘即可，蘸调味汁食用。

小提示

韭菜猪肉饺子
● 韭菜具有润肠通便、健脾、提神的作用。

韭菜猪肉饺子

酸菜鲜肉柳叶蒸饺

原料

鸡蛋1个，藕1节，酸菜200克，五花肉400克，饺子皮300克。

调料

鸡精1克，料酒1小勺，姜粉1克，草果粉1克，大料粉1克，花椒粉1克，老抽1小勺，食盐适量。

制作方法

1. 藕去皮洗净切末，酸菜洗净挤干切末，五花肉去皮洗净切末，然后装入大碗中，磕入鸡蛋，加入食盐、料酒、鸡精、姜粉、草果粉、大料粉、花椒粉和老抽，朝一个方向搅拌2分钟即可制馅。
2. 取一张饺子皮，放在手心，将适量饺子馅放入中央位置，对折做成柳叶形饺子。
3. 将饺子码入蒸笼，冷水大火开蒸，10分钟后即可。

> 小提示
>
> 酸菜鲜肉柳叶蒸饺
> ● 该食品口感脆嫩，色泽鲜亮，香气扑鼻，开胃提神，醒酒去腻，不但能增进食欲、帮助消化，还可以促进人体对铁元素的吸收。

 原料

面粉500克，鸡腿肉150克，荠菜75克，饺子皮200克。

调料

食盐、清汤、酱油、香油、味精、胡椒粉各适量。

制作方法

1. 将荠菜洗净，用沸水焯一下，过一道凉水，用手挤干水分，剁碎，撒少许食盐，再用纱布挤出水分，鸡腿肉剁成蓉，与荠菜末一同放入调盆内，加入其余调料，搅匀备用。
2. 面粉用凉水和成面团，揉透，稍饧一会儿，搓成长条，切成均等的剂子，用手揉搓成团后，擀成饺子皮。
3. 饺子皮铺在掌心里，加入馅料，捏成月牙形饺子，放入蒸锅中蒸熟即可。

小提示

鸡肉荠菜饺子
● 荠菜含较多维生素A，对白内障和夜盲症等眼疾有一定的辅助治疗作用。

鸡肉荠菜饺子

四季豆鲜肉煎饺

🥘 原料

五花肉250克，四季豆20根，鸡蛋1个，鲜香菇3朵，胡萝卜1小根，饺子皮50张。

🍴 调料

白芝麻、葱、食盐、料酒、鸡精、植物油、老抽、姜粉、五香粉、淀粉各适量。

🍳 制作方法

1. 将四季豆摘去两头，清洗干净，焯水至半熟，捞出冲凉后切末，将五花肉、香菇、胡萝卜、葱切丝，然后一起放入大碗中，磕入鸡蛋，加入食盐、料酒、鸡精、老抽、姜粉、五香粉，用筷子朝同一个方向搅拌2分钟即可成馅。
2. 取一张饺子皮，放在手心，将适量饺子馅放入中央位置，对折做成饺子，饺子一面裹上葱丝。
3. 平底锅烧热，淋上2勺油，转小火，码入饺子，不要太拥挤，小火煎2分钟后淋入半杯水勾芡，盖上盖子，转中火煎3分钟左右，煎至汤干即可。

小提示

四季豆鲜肉煎饺

● 香菇中含有嘌呤、胆碱、酪氨酸、氧化酶以及某些核酸物质，能起到降血压、降胆固醇、降血脂的作用，又可预防动脉硬化、肝硬化等疾病。

牛肉金针彩色饺子

🦪 原料

牛肉250克，芹菜100克，南瓜100克，胡萝卜半根，金针菇50克，鸡蛋1个，葱50克，菠菜100克，面粉250克。

🍴 调料

鸡精1克，料酒2小勺，姜粉1克，草果粉1克，大料粉1克，花椒粉1克，老抽1小勺，食盐3克。

🍳 制作方法

1. 将芹菜洗净焯水，捞出冲凉后切成末，将牛肉、金针菇、胡萝卜、葱切末。
2. 将切好的材料放入大碗中，磕入鸡蛋，加入食盐、料酒、鸡精、老抽、姜粉、草果粉、大料粉、花椒粉，用筷子朝同一个方向搅拌2分钟即可制成饺子馅。
3. 将菠菜清洗干净，入搅拌机，按1:1加入清水，打成浆，过滤出菠菜汁，将盐倒入菠菜汁中搅匀，将菠菜汁中加入面粉中，和成光滑的面团，盖上一块湿布，饧15分钟。
4. 用南瓜按照步骤3将黄色的面团也做好，饧好面团后再次揉搓，搓成长条，切成每个7克左右的小剂子，撒上干面粉。将小剂子按扁，擀成小面片，依次将所有的都擀好。
5. 取一张饺子皮，放入适量馅，对折后将两边捏紧，依次将所有的饺子做好，码在撒了面粉的平盘上，互不粘连，多余的饺子放入冰箱冷冻保存。
6. 烧开一锅水，下入新鲜包好的饺子，用铲子背适当地推动饺子，防止粘锅底，再次滚开后冲入一碗冷水，反复3次，饺子浮出水面，捞出饺子装盘即可。

小提示

牛肉金针彩色饺子
● 金针菇中的氨基酸含量高，能够促进智力发育、增强记忆力，对儿童保健益智、老年人预防健忘有一定的帮助。

Part 4 米面早餐

金银馒头

原料

自发面粉500克。

调料

植物油、白糖、炼乳、蜂蜜各适量。

制作方法

1. 自发面粉放入盆中，加入白糖、炼乳和成面团，用湿布盖严，饧30分钟。
2. 面团搓成均匀的长条状，用刀切成等大的小方块，即做成馒头生坯。
3. 将做好的馒头放入蒸锅中用大火蒸10~20分钟。
4. 取出一半，在馒头表面切"一字刀"，放入七成热的油锅中炸至金黄捞出，沥油，放入盘中。
5. 取另一半蒸好的馒头与炸好的金馒头间隔摆盘，中间放上用炼乳和蜜蜂调制好的蘸料即可。

> **小提示**
>
> 金银馒头
> ● 炼乳含有蛋白质、脂肪、糖类、维生素A、维生素B、钙、磷、钾、镁等营养素，为身体补充能量，具有维护视力、补充钙质、强化骨骼的作用。

🦪 原料

面粉200克。

🍴 调料

白糖15克，酵母8克。

 制作方法

1. 将面粉加水、酵母拌匀，和成光滑的面团盖湿布饧发。
2. 发酵至体积两倍大即可。
3. 将面团撒上干面粉用压面机调至七挡来回压几遍至面片光滑。
4. 调至五挡压3遍左右将压出的面片从头卷起来。
5. 将卷好的面卷揪成大小均匀的面剂子。
6. 把面剂子来回揉搓成半圆形的馒头生坯。
7. 做好的馒头生坯盖湿布饧发20分钟左右。
8. 将生坯摆入冷水蒸锅内，大火烧开后转中火蒸15分钟左右关火，约5分钟后再开盖取出。

> **小提示**
>
> 饸面馒头
> ● 面粉富含蛋白质、糖类、维生素和钙、铁、磷、钾、镁等矿物质，有养心益肾、健脾厚肠、除热止渴的功效。

饸面馒头

双色馒头

 原料

中筋面粉300克。

调料

芝麻酱、白糖、发酵粉、苏打粉、豆瓣酱、甜面酱各适量。

制作方法

① 用温水将白糖化开，加入发酵粉和苏打粉搅拌均匀，加入面粉揉成面团，发酵45分钟。

② 将发酵好的面团切成两半，一半加入芝麻酱揉搓，揉搓至芝麻酱与面团完全混合。

③ 将两种面团分别擀成长方形片，重叠起来卷成筒状，用刀切成平均大小的块，再发酵20分钟。将发酵好的馒头生坯放进蒸屉里，用大火蒸10分钟，将馒头取出装盘，中间放上用豆瓣酱和甜面酱调制好的蘸料即可。

小提示

双色馒头
● 面粉具有养心、益肾、除热、止渴等功效，能够缓解烦热、外伤出血及烫伤等症状。

🍲 原料

中筋面粉300克，牛奶适量。

🍴 调料

白醋、植物油、泡打粉、发酵粉、白糖各适量。

🥄 制作方法

1. 用温水将白糖化开，加入发酵粉搅拌均匀倒入中筋面粉内，加泡打粉、白醋、植物油、牛奶，充分搓揉和成面团，盖上干净的湿布，放在一旁饧50分钟。
2. 将发酵好的面团用擀面杖擀平，卷成长条，用刀切成相同的块，再揉搓成圆形，制成馒头生坯，再静置发酵5分钟。
3. 蒸锅置火上，将馒头生坯放入锅中大火蒸15分钟即可。

小提示

牛奶馒头

● 牛奶馒头含有维生素A、维生素B_2、维生素D等，营养丰富，香甜可口。

牛奶馒头

刀切馒头

 原料

自发面粉500克。

 调料

盐、色拉油各少许。

制作方法

1 将自发面粉加水和匀，制成面团，揉至表面平滑有光泽。

2 将揉好的面团搓成粗条，用刀均匀地切成小段，做成馒头生坯。

3 将做好的馒头生坯放入蒸笼用大火蒸20分钟即可。

小提示

刀切馒头
● 面粉富含蛋白质、脂肪、维生素和钙、铁、磷、钾、镁等矿物质，以及少量的酶类。

发面油条
● 油条含有蛋白质、脂肪、糖类、维生素及钙、磷、钾等矿物质，是高热量、高油脂的食物。

发面油条

原料

面粉500克。

调料

玉米油50克，炸油500克，盐50克，酵母粉2克。

制作方法

1 将面粉放入盆中，把水、玉米油、盐、酵母粉放入盆内，揉搓成团，发酵20分钟左右。

2 取出面团，揉匀排气。

3 将一个小面团抻长，再将其擀平。

4 切成均匀的小段，每两个摞在一起，用筷子压印，轻轻抻长。

5 放入热油锅炸制，炸制膨胀，颜色金黄，即可捞出控油。

原料

南瓜1个，面粉150克，面包糠300克。

调料

蜂蜜、食用油各适量。

制作方法

1. 将南瓜洗净，去掉皮和瓤后，切成块，放入蒸锅中蒸熟捣成泥，加入蜂蜜、面粉，然后做成大小相同的圆饼，再沾上面包糠。
2. 锅里倒入食用油，点火，到四成熟时，将圆饼投入油中炸熟至呈金黄色即可。

南瓜饼

小提示

南瓜饼
● 南瓜具有保护胃黏膜、帮助消化、降低血糖的功效。

荞麦面馒头
● 荞麦含有丰富的膳食纤维，具有很好的营养保健作用。

荞麦面馒头

原料

荞麦面、面粉各300克。

调料

发酵粉适量。

制作方法

1. 发酵粉用温水化开，混入荞麦面、面粉中，加温水和成面团，揉匀揉透，放在温暖处饧15分钟。
2. 将饧好的面团切成面剂子，揉成圆形，制成馒头生坯，继续饧20分钟。
3. 将饧好的馒头生坯上笼中火蒸熟即可。

螺旋彩纹馒头

螺旋彩纹馒头的注意事项：

　　紫薯含有一种氧化酶，这种酶容易在人的胃肠道里产生大量二氧化碳气体，过量食用会使人腹胀、呃逆，最好与其他食物搭配食用，制作馒头时要将发酵好的面团反复添加面粉，用力揉出空气，这样馒头才会有韧性、有嚼劲。馒头生坯要堆的高一些，这样在蒸制过程中才不会变形。

原料

面粉800克，紫薯2个，牛奶350克。

调料

酵母、白糖各适量。

制作方法

① 紫薯上屉蒸熟，趁热去皮碾压碎，过筛成紫薯泥。取80克紫薯泥与面粉、酵母、白糖混合，少量多次地加入牛奶，揉成光滑面团。同样的方法，做好白色面团，将两个面团加盖保鲜膜，放在温暖处松弛至约2倍大。

② 将两块发酵好的面团取出后，分别加入干面粉，反复用力揉搓20分钟，直至面团排净空气，面团手感光滑。

③ 将白面团分成2份，取一块白面团和紫薯面团分别擀成厚薄均匀、大小相当的面皮。白面皮上刷一层水，将紫薯面皮叠放在上面，自上而下的卷起，底边也刷水收紧，用刀均匀地切8份，取一小份竖起，压扁，擀开成面皮。

④ 将剩下的1份白面团也分成8份，双色面皮包上一块白面团，像包包子一样，捏紧收圆，用两手搓高，成馒头形。蒸锅加冷水，将生坯放在铺垫好的锅中，盖上锅盖，饧发15分钟，直接开大火蒸制，水开后转中火蒸15分钟，关火3分钟后开盖即可。

小提示

螺旋彩纹馒头
● 紫薯可促进肠胃蠕动，清理肠腔内滞留的黏液，改善消化道环境，防止胃肠道疾病的发生。

原料

面粉300克，鸡蛋200克。

调料

植物油、盐、胡椒粉、香葱各适量。

制作方法

① 葱切成小细碎，鸡蛋备用。

② 面粉中加入适量温水，揉成面团，面揉好后用保鲜膜裹好饧15分钟。

③ 将鸡蛋打散，加入葱碎、盐和一点胡椒粉。

④ 将面团分成若干小剂子，取一个剂子擀成圆饼，上刷一层油，将圆饼对折。

⑤ 卷成一个小面团，从一边卷起来，将面团压扁。

⑥ 再擀成一个圆饼，电煎锅中倒油，六七成热时放入饼。

⑦ 将饼煎至两面金黄，用筷子挑开鼓起的饼皮，把鼓起气泡的地方用筷子弄通。

⑧ 把打好的鸡蛋液灌进饼中，蛋液稍微凝固后，翻面继续煎饼，待蛋液熟透就可以了。

⑨ 将饼切成均匀的小块盛盘即可。

小提示

鸡蛋灌饼

● 鸡蛋中含有较丰富的铁，铁元素有在人体起造血和在血中运输氧和营养物质的作用。

鸡蛋灌饼

葱油花卷

🍲 原料

发酵面团250克，胡萝卜半根，地匍1/4根，葱10根，菠菜少许。

🍴 调料

食盐1克，色拉油小半碗，鸡精适量。

🍶 制作方法

1. 将葱、胡萝卜、地匍、菠菜洗净切末，放至碗中，撒上食盐，然后将油加热至八成热，冲入碗中晾凉。

2. 案板上撒上干面粉，将发酵面团反复揉搓后，按扁，擀成厚度为3毫米厚的面片，刷上一层葱末、胡萝卜末、地匍末、菠菜末，然后卷起来，用刀切成每个4～5厘米宽的葱油卷。

3. 将葱油卷切口朝上放置，同时用大拇指和食指捏住葱油卷，往两边拉开，一只手往左边卷，另一只手往反方向卷，再两头搭在一起。

4. 依次将所有的做好，码在蒸架上，每个间距半个花卷的距离，盖上盖子饧10～15分钟，饧好后开中大火蒸10分钟，关火闷5分钟即可。

小提示

葱油花卷
● 胡萝卜含有大量胡萝卜素，进入机体后，在肝脏及小肠黏膜内经过酶的作用，其中50%变成维生素A，有补肝明目的作用。

椒盐葱花卷

🍲 原料

面粉500克，温牛奶250克。

🍲 原料

葱油、葱花、酵母粉、椒盐粉各适量。

🍳 制作方法

1. 将牛奶和酵母粉倒入面粉中，揉成团，盖上保鲜膜饧15分钟。
2. 待面团发酵至2倍大，按下去不会反弹，里面呈蜂窝状，搓成长条，切成段。
3. 取一段揉圆按扁，擀成2毫米左右的面皮，刷上葱油，撒上葱花跟椒盐粉、适量盐。
4. 卷起来成长条，均匀的切成小段，取两个切好的小段，叠起来，用筷子用力一按，以此类推。
5. 全部做好的生坯在面板上静置15分钟，冷水上锅蒸15分钟，焖5分钟即可。

> 小提示
>
> 椒盐葱花卷
> ● 该花卷有温中散寒、除湿止痛、杀虫解毒、止痒解腥的功效。

原料

面粉200克，牛奶200克。

调料

酵母、糖、色拉油各适量。

制作方法

1. 面粉加牛奶和酵母、少许糖，揉成面团，发酵到两倍大。
2. 将发酵好的面团取出，放置在面板上揉一会儿，使其更光滑细腻。
3. 然后擀成大片，倒少许色拉油。
4. 将油涂抹开，卷起来，切成四等份。
5. 每一份切成两段，卷成花卷。
6. 放入蒸笼，蒸锅里面加温水，花卷放入继续饧发30分钟，开中大火，蒸15分钟，焖5分钟，即可出锅。

小提示

奶香大花卷
- 该食品有丰富的蛋白质、乳脂肪、维生素、矿物质等，营养均衡，易于人体吸收。

奶香大花卷

玉米馒头

📦 原料

面粉250克，玉米粉50克。

🍴 调料

发酵粉2.5克，白砂糖10克，牛奶50毫升。

🍲 制作方法

1️⃣ 将白砂糖和发酵粉用清水溶化，然后冲入牛奶搅拌均匀，再将其冲入面粉和玉米粉当中，用筷子搅拌成面絮，用手将面絮揉成光滑的面团，盖上一块湿布，饧发1个多小时，将面团发酵至两倍大。

2️⃣ 将面团反复揉搓，揉成光滑的面团，案板上撒些干面粉，将面团搓成长条，切成每个约100克的长面团，码入蒸锅中，盖上盖子，饧10～15分钟，开中大火，蒸15分钟，焖5分钟，即可出锅。

小提示

玉米馒头
● 玉米粉含有丰富的纤维素，不但可以刺激胃肠蠕动，防止便秘，还可以促进胆固醇的代谢，加速肠内毒素的排出。

原料

肉末50克，鸡蛋2个，胡萝卜半根，面粉50克。

调料

葱1根，色拉油、料酒、食盐、香油、米醋各适量。

制作方法

① 胡萝卜、葱洗净切成末，炒锅烧热倒油，将肉末下入翻炒至变色，加入少许料酒去腥，再倒入葱末和胡萝卜末，翻炒1分钟后撒上1小勺食盐炒匀，关火备用。

② 鸡蛋打成蛋液，冲入清水拌匀，再加入面粉搅拌均匀至无颗粒状态，最后将炒好的肉末、胡萝卜末和葱末倒入面糊中，搅拌均匀备用。

③ 平底锅烧热，倒少许油烧热，转成小火，然后倒入混合面糊，平摊均匀，小火煎2分钟左右，其间可以盖上盖子。

④ 适当地转动锅子，使其受热均匀，看到蛋饼表面基本凝结时，翻面继续小火煎制，适当地转动锅子，1分钟左右，出锅切块即可。

小提示

蔬菜煎饼

● 该食品富含维生素A，维生素A是骨骼正常生长发育的必需物质，有助于细胞增殖与生长，是机体生长的要素，对促进婴幼儿的生长发育具有重要意义。

蔬菜煎饼

 原料

面粉150克，虾皮100克，鸡蛋1个，白萝卜1个，肉末200克，红葱头半个，芝麻100克。

调料

胡椒粉、猪油、食盐、酵母粉、糖各适量。

制作方法

1 白萝卜洗净，切丝，过滚水汆15秒，入凉水中过凉，捞出，沥干水分；红葱头洗净切丝。

2 起锅下油炒红葱头、虾皮及肉末。

3 锅中放入白萝卜丝、食盐和胡椒粉调味，搅拌均匀，备用。

4 酵母粉加温水调匀，静置10分钟，面粉过筛后，加糖搅拌均匀，面粉加水，搅拌成雪花状，加油搅拌，加入酵母搅拌成面团。

5 将面团抹点油，放在锅中，盖上保鲜膜，静置15分钟松弛，长条切小块，每块约15克，搓圆。

6 面粉过筛后，加入猪油，手戴料理用手套，将猪油及面粉搓匀，油酥切小块，每块约10克，搓圆。油酥稍微擀成圆扁状，放虎口，加上1克油酥，饼皮收口朝下，双手将饼两边压下，呈长条状。

7 用擀面棍上下擀成椭圆形，将面皮卷起，两边收口，擀面棍放在收口上往下压，上下左右擀成面片，面皮放虎口，放内馅，包起来，收口收紧，收口朝下，刷蛋黄液，撒上芝麻，烤箱180℃预热10分钟，烤20～25分钟即可。

> **小提示**
>
> **萝卜丝酥饼**
> ● 白萝卜含有多种维生素和微量元素，在人体抵抗力较差的冬季，能提高人体的抵抗力，能提高预防感冒的能力。

萝卜丝酥饼

鲜肉萝卜丝馅饼

🦪 原料

发酵面团400克，五花肉末250克，白萝卜200克，鸡蛋1个。

🍴 调料

葱末10克，料酒1小勺，细盐3克，五香粉3克，老抽1小勺，味精1克，紫菜蛋花汤料包1包。

🥄 制作方法

① 将白萝卜用刨子刨成细丝，装入大碗中，再加入肉末和葱末，磕入鸡蛋，淋入1小勺料酒，加入细盐、五香粉、老抽、味精，用筷子朝一个方向搅拌3分钟即可。

② 案板上撒上干面粉，将发酵面团反复揉搓2分钟，然后将400克的面团分割成12个小剂子，将小剂子按扁，擀成薄片。

③ 将面片放于手心，包入适量馅，捏紧收口，轻轻按扁，收口朝下，然后放入刷过一层油的平底锅中，盖上盖子，开小火烙4分钟，再翻面继续烙3分钟，焖2分钟即可，其间多转动锅子，使其受热均匀至熟即可。

> **小提示**
>
> 鲜肉萝卜丝馅饼
> ● 此饼具有化痰清热、下气宽中、解毒等功效，对于食积胀满、咳嗽、吐血、消渴、偏头痛等有一定的缓解作用。

土豆卷饼

原料

面粉70克，鸡蛋1个，青椒1个，土豆1个，红椒1个。

调料

葱、色拉油、细盐、番茄酱各适量。

制作方法

1. 将面粉放在干净的案板上，中间挖个坑，冲入30毫升热水，先用筷子搅拌，再用手揉搓成光滑的面团，盖上一个碗，饧发5分钟。

2. 将青椒、红椒、葱、土豆洗净，葱切末，红椒、青椒、土豆切丝，放入热油锅中炒熟。

3. 将饧好的面团在案板上反复揉搓2分钟，然后将面团一分为二。再次将小面团一分为二，搓圆按扁，上下叠加起来，中间刷上一层色拉油，用擀面杖擀成薄片。

4. 将平底锅烧热，转成小火，淋入色拉油，摊入擀好的面片，将鸡蛋打成蛋液，摊在面片上，涂抹均匀，然后把备好的葱末撒在上面，小火烙至面片底部微黄，翻面继续烙1分钟即可。

5. 取一张面片，铺在平底盘上，在面片的一端放上红椒丝、青椒丝、土豆丝，挤上一层番茄酱，然后将其卷起来即可。

小提示

土豆卷饼

● 土豆含有大量膳食纤维，能宽肠通便，帮助机体及时排泄代谢毒素，防止便秘，预防肠道疾病的发生。

🥘 原料

红薯面、低筋面粉各适量。

🍴 调料

发酵粉、白糖各适量。

🍳 制作方法

1. 红薯面、面粉、发酵粉、白糖拌匀，加温水和成面团，揉匀揉透，在温暖处饧15分钟。
2. 将饧好的面团下剂，做成馒头生坯。
3. 将馒头生坯放在温暖处饧30分钟，凉水上笼，中火蒸熟切片即可。

红薯面馒头

小提示

红薯面馒头
- 红薯面具有提高免疫力、止血、降糖、解毒、防治夜盲症等保健功能。 ⬆

糜子面窝头
- 此窝头适宜于体弱多病者食用。 ⬇

糜子面窝头

🥘 原料

糜子面250克。

🍴 调料

小苏打粉少许。

🍳 制作方法

1. 将少许小苏打粉加入糜子面中，混合均匀，用温开水和成面团，稍饧一会儿。
2. 面团搓成条，揪成小剂子，将剂子捏成上尖底圆的圆锥体，用大拇指在底部捅出一个空洞，将面团逐个捏成窝头。
3. 将窝头摆放入蒸锅，蒸约30分钟至熟即可。

原料

葡萄干150克，红枣20克，牛奶250克，玉米面500克。

调料

酵母3克。

制作方法

1. 葡萄干洗净，红枣洗净，对半切开。
2. 牛奶微温，加入酵母中，静置3分钟，搅拌均匀。
3. 将酵母溶液加入玉米面中，混合均匀。
4. 将面粉揉成团，微微收圆。
5. 面团发酵至两倍大时，表面撒上泡软的葡萄干和红枣。
6. 锅中烧水，水开后放入蒸笼，大火蒸30分钟后对半切开即可。

小提示

玉米面发糕
- 玉米面含有丰富的膳食纤维，能促进肠胃蠕动，缩短食物通过消化道的时间，减少有毒物质的吸收。

玉米面发糕

茴香卷饼

 原料

面粉300克，菠菜50克，土豆1个，豆芽50克，茴香60克。

调料

芝麻油、食盐、鸡精、葱条、香油各适量。

制作方法

1. 菠菜洗净掰开，土豆削皮，切丝备用。
2. 茴香洗净切碎，放入1碗水中，然后加入面粉和成较软的面团，切成小面坯。
3. 面坯的单面抹油，然后每两个面坯放在一起，压扁，擀成薄饼，上锅蒸熟，撕开即成茴香面饼。
4. 菠菜、土豆丝和豆芽都入沸水焯熟，过凉水之后调入适量的食盐和鸡精以及香油拌匀，卷在茴香面饼中，用葱条扎住即可。

小提示

茴香卷饼
● 此茴香卷饼可开胃进食，理气散寒，能够缓解痉挛疼痛，但阴虚火旺者忌食。

🥢 原料

牛肉1块，干葱头1个，面粉300克，鸡蛋1个，蛋清适量。

🍴 调料

生抽1勺，香油半勺，黑胡椒粉小半勺，食盐半勺，料酒1勺，白糖小半勺，橄榄油1勺。

🍶 制作方法

① 牛肉洗净，切末，干葱头洗净，切碎备用。

② 将备好的干葱头和牛肉末放在同一碗中，搅拌均匀，在牛肉馅中放1勺蛋清，加入1勺料酒、1勺生抽、1勺橄榄油、半勺香油、胡椒粉和食盐、小半勺白糖，充分搅拌，放入冰箱冷藏20分钟。

③ 面粉放入容器里，放入1小勺白糖、1个鸡蛋、1勺橄榄油。

④ 加入120克的水把面粉和成光滑的面团，让面团饧15分钟左右。

⑤ 面团取出后，擀面棍上下擀成椭圆形，将面皮卷起，两边收口，擀面棍放在收口上往下压，上下左右擀成圆片，片皮放虎口，放内馅，包起来，收口收紧，收口朝下，烤箱调至180℃预热10分钟，烤20~30分钟即可食用。

 小提示

牛肉饼

● 牛肉饼具有养颜美容、滋肺益胃、改善睡眠、调节血脂、保护肝脏、强壮补虚等功效。

牛肉饼

黄金大饼

🍲 原料

富强粉300克，柴鸡蛋1枚45克，碎鸡肉粒450克。

🍴 调料

干酵母3克，咖喱粉4克，蒜粒15克，葱花25克，姜末10克，白芝麻、食盐、白砂糖、胡椒粉各少许，橄榄油适量。

🍳 制作方法

1. 把酵母、糖、食盐、鸡蛋倒入面粉中拌匀。
2. 用温水把面和匀，罩上保鲜膜进行基础发酵。
3. 炒锅上火注入橄榄油，下入蒜粒煸出香味儿，放入鸡肉粒煸炒。
4. 炒至鸡肉变色下入葱花、姜末继续煸炒出香味儿，再放入咖喱粉煸炒出金黄色，然后用食盐、砂糖、胡椒粉进行调味，炒匀后出锅晾凉备用。
5. 面团儿发酵至两倍大后取出，把面团儿放到案板上揉匀，然后再缓饧松弛15分钟。
6. 把饧好的面团儿用擀面杖擀开呈圆形，圆形面片的转圈稍薄些，在面片上倒入馅料，用面片把馅料包起来。
7. 把包好馅料的面团翻面，用手按匀放入烤炉，在烤盘下放一盘热水，关好炉门以30~40℃炉温进行最后的保湿保温发酵。大饼发至近两倍大取出，炉温可调到170℃开始预热。
8. 用毛刷把糖水涂抹在面饼上，再撒些白芝麻。把大饼置入预热好的烤炉，上下火170℃烘烤20分钟即可出炉食用。

小提示

黄金大饼
● 黄金大饼含有蛋白质、脂肪、糖类等，易于消化吸收，有改善贫血、增强免疫力、平衡营养吸收等功效。

流沙包

 原料

面粉250克，牛奶70克，咸鸭蛋黄4个。

调料

泡打粉2克，酵母3克，黄油、糖各适量。

制作方法

1. 咸蛋黄蒸熟，用刀背碾碎，加糖、牛奶少许、黄油混合调匀，制成馅儿。
2. 把面粉、酵母、泡打粉加牛奶揉成光滑的面团，饧15分钟。
3. 把面团搓成长条状，分成10等份，用手压扁。
4. 将馅料放在面皮中间，捏紧收口，收口朝下排列在蒸屉上，发酵至2倍大。
5. 上冷水锅，中火蒸10分钟即可，关火后，3分钟后再开盖，出锅即可。

小提示

流沙包
- 牛奶富含蛋白质；白糖富含糖类；黄油富含糖类、脂肪、胆固醇。

原料

高筋面粉150克，低筋面粉50克，奶粉1大勺，鸡蛋液1大勺，菠萝皮少许。

调料

食盐12克，白砂糖35克，酵母、黄油适量。

制作方法

① 高筋面粉加食盐、酵母和清水拌匀，发酵到2.5倍大，用手指沾面粉戳一个洞，洞口不会缩即可。

② 面团揉至扩展阶段，置于28℃左右发酵1个小时左右。

③ 将黄油软化，用打蛋器打到发白，倒入白砂糖、奶粉，搅拌均匀。

④ 分三次加入鸡蛋液，搅拌至黄油与鸡蛋液完全融合。

⑤ 接着倒入低筋面粉，轻轻拌匀，拌至光滑不粘手即可，案上施薄粉，把菠萝皮搓成条状，切成4份。

⑥ 把面团分成小块分别压在菠萝皮上，稍微用力，将菠萝皮压扁。

⑦ 右手采用由外向里的方式捏面团，让菠萝皮慢慢的"爬"到面团上来。

⑧ 收口向下，菠萝皮包好了，在菠萝皮表面轻轻刷上蛋液，用小刀轻轻在菠萝皮上划出格子花纹。

⑨ 划好花纹后，就可以进行最后发酵了，发酵到2.5倍左右大，放入预热好的烤箱，180℃烤15分钟。

> 小提示
>
> 菠萝包
> ● 菠萝包有助消化、促进食欲、去油腻、清理肠胃的功效。

菠萝包

🍲 原料

发酵面团275克，五花肉末250克，鸡蛋1个。

🍴 调料

料酒、老抽、食盐、鸡精、色拉油、葱花、红辣椒各适量。

🍵 制作方法

① 肉末、葱花放入大碗中，磕入鸡蛋，加食盐、老抽、料酒和鸡精后朝一个方向搅拌3分钟，制成馅料。

② 案板上撒上干面粉，将发酵面团反复揉搓几分钟，搓成长条，切成每个约25克的小剂子，撒上干面粉，将小剂子按扁，再用擀面杖擀薄成小笼包子皮。

③ 取一张包子皮，放上约25克的馅，将包子沿边打褶包起来。

④ 平底锅中倒入少许油，码上小笼包，开头将包子底略煎厚实，加入半杯清水，盖上盖子，中火煎3分钟，开盖撒上红辣椒和葱花，再加盖小火煎3分钟，闻到香气并且听到噼啪作响的声音后关火闷3分钟即可。

 小提示

小笼煎包
● 鸡蛋中的蛋白质对肝脏组织损伤有修复作用，蛋黄中的卵磷脂可促进肝细胞的再生，增强机体的代谢功能和免疫功能。

小笼煎包

千层饼

🥘 原料

面粉500克，鸡蛋2个。

🍶 调料

五香粉、食盐、色拉油各适量。

🍴 制作方法

① 首先将面粉放入盆子里，打入鸡蛋，用筷子将鸡蛋搅拌均匀，并不断加水。

② 将面粉通过不断揉搓，做成硬度适中的面团。

③ 做好面团后，将面团揉成条状，然后像切馒头一样，切成长方形的块。

④ 将切好的面团放在案板上，用擀面杖压成厚薄适度的面片。

⑤ 将油以及五香粉、食盐、色拉油均匀地铺开到擀好的面片上面。

⑥ 把面片从一侧慢慢卷起来，注意卷起来的时候不要让油挤压出来，可以在侧面边卷边从侧面压紧，这样就不会挤出来了。

⑦ 将卷起来的面团再次擀开，然后就可以放到锅里了，注意锅里一定要放少许油，以免粘锅。

⑧ 等饼子的两面都煎到金黄，就可以出锅了，出锅后用刀将饼子切开即可食用。

> **小提示**
>
> 千层饼
> ● 千层饼有养心益肾、健脾止渴的功效。

黄桥烧饼

🍲 **原料**

面粉320克，肥猪肉120克，蛋液30克，火腿1根，樱桃适量。

🍴 **调料**

食盐、色拉油、白糖、味精、酵母、胡椒粉、香油、大葱、白芝麻各适量。

🍳 **制作方法**

①肥猪肉切成碎末，葱切成碎末，加入白糖、食盐、香油、胡椒粉和味精。

②火腿切小丁，与肉末、葱花混合，制成馅料。

③将120克面粉和60克色拉油揉和成油酥面团，200克面粉、10克白糖和酵母，加适量水揉成酵面团饧10分钟。

④将酵面团包裹上油酥面团，收口朝下。

⑤用擀面杖擀薄成饼皮，并分成均等的几份，分别填入足量的馅料，用手稍稍按扁。

⑥表面刷蛋液，沾满白芝麻，将做好的生胚放入烤箱中，烤20分钟至侧面起酥，取出稍晾凉。

⑦摆入盘中，樱桃装饰即可。

小提示

黄桥烧饼
● 黄桥烧饼含有丰富的糖类、蛋白质、脂肪等，由于烧饼在制作过程中会加入大量的植物油或动物油，一次食用不宜过多。

原料

面粉300克，红豆沙适量。

调料

色拉油4汤匙。

制作方法

1. 取200克面粉和1汤匙色拉油加适量清水和好水油面团，面团盖保鲜膜饧20分钟，取100克面粉加3汤匙色拉油和好油面，饧20分钟后分成若干个油面球。
2. 水油面团分几份，取一份擀平，加入一份油面球。
3. 像包包子一样包好，反过来放在案板上，案板上要撒上干面粉。
4. 将其擀成鞋底形，卷好，竖过来放。
5. 再擀成长条形，再次卷起来。
6. 立起来放，压扁，用擀面杖擀平。
7. 包入适量红豆馅，像包包子一样包好。
8. 反过来压平，油锅预热后，放入饼坯烤20分钟即可。

小提示

豆沙酥饼
● 豆沙酥饼含有较多的膳食纤维，具有良好的润肠通便、调节血糖、预防结石、健美减肥的作用。

豆沙酥饼

肉夹馍

🥘 原料

面粉250克，五花肉500克。

🍴 调料

食盐、葱段、姜片、糖色、老抽、炖肉料包、酵母、食用碱各适量。

🍳 制作方法

1. 将猪肉洗净，大火煮沸后撇去浮沫，3分钟后捞出。
2. 重新烧一锅水，放猪肉，煮开后放入食盐、葱段、姜片、糖色、老抽和炖肉料包，煮开后小火煮2小时。
3. 将酵母溶于水中，一边冲入面粉，一边用筷子搅拌至面粉呈絮状，揉成光滑面团，盖上保鲜膜或湿布，静置10分钟。
4. 取出面团，用指关节蘸碱水，用力扎入面团中，重复动作，直至碱水用完，盖保鲜膜或湿布，静置10分钟。
5. 将面团搓长，分成6等份，取一份揉光滑，先搓成细长条，再用擀面杖擀平，将擀平的长条面片从顶端卷起，卷成一个圆筒，然后将圆筒垂直放在案板上，按扁成一个小圆饼。
6. 将小圆饼擀成直径约10厘米的圆面饼。
7. 平底锅加热，不用放油，放入面饼坯烙成两面金黄色。
8. 将炖好的肉捞出，切碎，将面饼用刀从侧面切开，把切碎的肉夹在面饼里即可。

小提示

肉夹馍

● 肉夹馍有润肠胃、生津液、补肾气、解热毒的功效，对于热病伤津、消渴羸瘦、肾虚体弱、产后血虚、燥咳等症有一定的缓解作用。

🐄 原料

面粉200克。

🍴 调料

安琪酵母、食用碱、食盐、食用油各适量。

🥄 制作方法

1. 取200克面粉和安琪酵母放在碗里用温水化开，缓缓地浇在面粉上，用筷子搅拌成面碎状，然后用手把面碎和成面团。
2. 取一小碗，放入食盐和少许碱面化开。
3. 将食盐和食用碱混合的水逐次加入发酵好的面团。
4. 擀面杖和面板，分别涂抹食用油，防止粘面。
5. 揪起一团面，放在面板上，擀成饼状，用刀尖在擀平的面皮上划几道口做成油饼圈。
6. 锅内放油开火，下入油饼胚，炸至一面金黄时，翻面炸另一面，面饼熟透后捞出即可。

小提示

炸油饼
● 油饼含有糖类，能迅速为身体提供能量。

炸油饼

原料

面粉300克，牛奶180克，五花肉200克，白菜300克。

调料

酵母、芝麻油、蚝油、甜面酱、葱各适量。

制作方法

1. 将酵母溶于温牛奶中，加入面粉，揉成光滑的面团，静置发酵至1.5倍大。
2. 五花肉洗净，切丁，白菜洗净，剁碎，挤出水分，葱切葱花。
3. 油锅烧热，下肉丁，中小火翻炒至肉略出油，加葱花爆香，盛出备用。
4. 锅内倒油，油热后转小火，放入甜面酱，滑炒，至酱和油完全融合出香味，加入炒好的肉丁，翻炒均匀，关火，加入白菜碎、芝麻油、蚝油拌匀，成馅料。
5. 将发酵好的面团排气揉均匀，切成小剂子，取一份擀成圆皮，包入馅料，捏合。
6. 平底锅烧热，刷薄油，排入盒子，加盖锅盖，小火，两面均煎至面皮金黄即可出锅。

小提示

发面白菜盒子
● 白菜含有β-胡萝卜素、铁、镁，能提升钙质吸收水平，另外白菜中的钾能将盐分排出体外，有利尿作用。

发面白菜盒子

生菜鸡蛋饼

🍳 原料

面粉500克，鸡蛋2个，生菜1把，火腿100克。

🍴 调料

白胡椒粉、咖喱粉、食盐、孜然粉各适量。

🍲 制作方法

1 生菜洗净切碎，火腿切碎。

2 鸡蛋两个磕入碗中，加入一碗半水。

3 加入适量食盐、白胡椒粉、孜然粉、咖喱粉，打散搅拌均匀。

4 加入两勺面粉，将生菜碎和火腿碎加入碗中，搅拌均匀。

5 将面粉搅拌均匀至没有疙瘩，大概比酸奶那种浓度稍稀一点。

6 锅中放少许油，晃一下锅，让锅均匀沾上油，中小火，舀入一勺面糊。

7 将锅晃一圈，面糊摊开成饼状，待饼定型后，翻面再烙片刻，待饼烙至金黄色出锅切块装盘即可。

小提示

生菜鸡蛋饼
● 鸡蛋营养丰富，可提高人体血浆蛋白水平，对预防动脉粥样硬化有很好的效果。

麻花

 原料

面粉500克，牛奶200克，鸡蛋100克。

 调料

熟豆油2克，食盐2克，酵母3克，白糖3克。

制作方法

1. 将牛奶放入微波炉加热，微温不烫手就行，倒入盆中。
2. 加入除了面粉外的所有材料搅拌均匀。
3. 最后加入面粉和成光滑面团，盖保鲜膜放暖处或烤箱40℃发酵到两倍大即可。
4. 放在面板上简单压长扁状分割，平均切成段，取一份先搓成长条，每段分别刷上油。
5. 左手按着左头不动，右手向自己的方向上劲儿，一端从环中穿过就行了。
6. 全拧好后盖保鲜膜再次发酵。
7. 热锅放油，待油烧至七八成热时开始炸，放的时候稍微拉伸一下，用中小火炸至变色后即可捞出。

小提示

麻花
● 麻花的营养成分主要有糖类、脂肪、蛋白质等，属油脂类、高热量食品，不宜多食。

原料

普通面粉300克。

调料

色拉油15克，食盐2克，白糖、白芝麻各适量。

制作方法

① 面粉用热水烫一下，加食盐，再慢慢加入凉水，和成比较柔软的面团。

② 一边揉面一边加入色拉油，防粘，并使面团更柔软，盖上盖子静置半小时以上。

③ 面板上涂少许油防粘，将面团擀成椭圆形的大片。

④ 在面片上涂上色拉油，把面片卷起来，切成小段，然后将白糖、面粉、白芝麻拌匀成为馅料。

⑤ 将面卷擀成面皮，将馅料放入面皮中，收口压扁，并擀成圆饼。

⑥ 锅加热后，把饼放入锅中煎至两面金黄出锅切块即可食用。

> **小提示**
>
> 糖饼
> ● 糖饼有润肺生津、止咳、和中益肺、舒缓肝气、滋阴、调味、解盐卤毒之功效。

糖饼

原料

面粉520克。

调料

油、葱花、食盐、五香粉各适量。

 制作方法

1. 将面粉放入盆中，加入2克的盐拌匀，慢慢加入开水，揉成柔软的光面团，盖上湿布饧发20分钟。
2. 取出饧好的面团分成几等份，取一份揉匀擀开擀薄。
3. 取一小碗放入30克的油、3克食盐、20克的面粉和适量的葱花，3克五香粉，拌匀。
4. 抹上一层油酥料，一定要抹均匀，两边对折。
5. 用刀切成条状，顶边不要切断，切完后打开。
6. 之后把饼上下拼拢，由一边卷向另一边，卷紧。
7. 把尾边压在底下，用手按一下，依次都做好盖上湿布饧发10分钟。
8. 二次醒发后取一份轻轻擀开成圆饼状，不用擀的太薄。
9. 锅内的油烧热后，将圆饼放入，烙好一面，翻过来烙另一面，烙至面饼熟透撕碎装盘即可。

小提示

手撕饼
● 葱花含有具有刺激性气味的挥发油和辣素，能祛除腥膻等油腻厚味、菜肴中的异味，产生特殊香气，并有较强的杀菌作用。

手撕饼

香煎韭菜盒子

🍲 原料

面粉500克，韭菜250克，鸡蛋1个，虾皮20克，冻豆腐1块，粉条1小把，黑木耳1小把。

🍴 调料

芝麻油1大匙，食盐1小匙，植物油适量。

🍳 制作方法

1. 韭菜洗净，沥干，切细碎，黑木耳泡发后洗净切碎，粉条热水烫软，挤干水分，切碎，冻豆腐剁碎，鸡蛋打散。

2. 将开水以绕圈的方式冲入面粉中，用筷子拨散面粉，倒入凉水，揉成面团，加盖保鲜膜于室温下静置，松弛至2倍大。

3. 油锅烧热，倒入鸡蛋液，用筷子划炒散，盛出切碎。锅中再加1大匙植物油，放入虾皮炒香，关火，依次加入韭菜、冻豆腐、粉条、黑木耳、鸡蛋碎、食盐，翻拌均匀，盛入盆内，加入1大匙芝麻油拌均匀，成馅料。

4. 案板上撒干面粉，将饧好的面团搓成长条切成剂子，擀成面皮，取一个面皮，包入馅料，对折捏合，自边缘捏出花纹，依次包好全部盒子。

5. 平底锅烧热，倒油，将韭菜盒子放入锅内，用中小火慢慢将两面煎至金黄色即可。

小提示

香煎韭菜盒子
● 黑木耳有养血、补气、补气血的功效。

核桃酥

原料

低粉300克，核桃仁200克，鸡蛋5个，松子仁少许。

调料

玉米油2克，小苏打3克，黄油3克，白糖4克。

制作方法

1. 黄油加白糖拌匀后加入鸡蛋、玉米油打成蛋液。
2. 核桃仁进微波炉高火烤1分钟，取出放保鲜袋用擀面杖压碎。
3. 加入核桃碎拌匀后放冰箱冷藏30分钟，筛入低粉拌匀。
4. 蒸架上放一个篦子。
5. 篦子上包锡纸，亚光面朝上。
6. 刷上薄薄一层油。
7. 从冰箱里取出面团，带上一次性手套，团一个小丸子，放到锡纸上，按扁撒上松子仁，一直放满，要留有一定的空隙。
8. 蒸30分钟左右，取出核桃酥即可。

> 小提示
>
> **核桃酥**
> ● 核桃具有许多有益于神经系统生长与发育的营养要素，而这些成分都可以被脑部吸收利用，从而起到补脑的效果。

原料

中筋面粉200克。

调料

猪油20克，植物油45克，椒盐少许。

制作方法

1. 面粉先加入开水搅拌成面絮状，再倒入冷水。
2. 搅拌均匀后，加入猪油，揉成面团饧30分钟。
3. 将面团分成两等份，取其中一份擀成长方形，然后分成三份。
4. 上面先抹油再撒上椒盐，可稍多些，像折扇子一样折好，卷起。
5. 然后擀成薄饼，放入涂过油的锅中，正反面烙成金黄色取出拍松即可。

椒盐手抓饼

小提示

椒盐手抓饼
● 中筋面粉富含蛋白质，有养心益肾、健脾厚肠、除热止渴的功效。

胡萝卜鸡蛋饼
● 胡萝卜具有补肝明目的作用。

原料

胡萝卜300克，面粉70克，鸡蛋3个。

调料

小米辣椒5个，蒜4瓣，食用油、葱各适量。

制作方法

1. 胡萝卜洗净切成丝，鸡蛋打散，葱、蒜洗净切碎，小米辣椒切小圈。
2. 面粉加入打散的鸡蛋中，拌至无颗粒，加入葱、蒜碎和小米椒。
3. 锅中放少许油，加入胡萝卜丝，翻炒1~2分钟。
4. 将面糊舀入小平底锅中，小火加热，至四周凝固，面糊底基本定型。
5. 翻面再小火加热1分钟左右，至蛋饼熟透切块即可。

胡萝卜鸡蛋饼

刺猬豆沙包

 原料

面粉350克，红豆沙适量。

调料

酵母粉3克。

 制作方法

① 将面粉、酵母粉用温水和成面团，盖上湿布或保鲜膜。

② 当面团发酵至差不多2倍大时，将面团取出，再揉一揉，排气，最后揉成长条，分割成小剂子。

③ 将面剂子滚圆，压扁，擀成中间厚四周薄的面片，放入豆沙馅，收口包好。

④ 将包子稍稍揉一下，调整成一头稍尖的水滴状，收口朝下。

⑤ 同上步，将包子面团整型后，用剪刀依次剪出刺猬的小刺，再用牙签在面包上分别刺两个小洞，充当刺猬的眼睛。

⑥ 锅中放水，放上蒸屉，将刺猬放上，盖上锅盖，静置10分钟。

⑦ 10分钟后，开大火蒸，水开后看见明显的蒸汽后，调成中火，继续蒸10分钟。

⑧ 蒸好后，关火，别揭开锅盖，5分钟后再出锅。

小提示

刺猬豆沙包
● 红豆沙有利尿消肿、降脂减肥的作用。

☕ 原料

普通面粉500克。

🍴 调料

小苏打、花椒、食盐、孜然粉、小茴香粉、熟芝麻、色拉油各适量，麻酱50克。

🍳 制作方法

① 普通面粉加适量小苏打，用温水和成面饧饧15分钟。

② 麻酱倒入碗中用少许色拉油拌匀，放入茴香粉、孜然粉，再放一点点花椒、食盐拌匀。

③ 面饧好，放入麻酱涂抹均匀。

④ 用擀面杖擀薄点，越薄越好，从一边开始卷起，卷好挤出剂子，两边叠加包圆型，做成圆饼。

⑤ 抹上淡盐水沾上芝麻。

⑥ 油锅烧热放入生烧饼坯，先烙芝麻这面，再翻另一面烙好，放入烤箱上下火210℃烤5分钟。

⑦ 出炉装盘即可享用香喷喷的麻酱烧饼。

小提示

麻酱烧饼
● 麻将烧饼具有浓郁的香气，可促进食欲，更有利于营养素的吸收。其中含量丰富的维生素E具有抗氧化作用，可以保肝护心，延缓衰老。

麻酱烧饼 ▶

炸馒头片

 原料

馒头2个，鸡蛋1个。

调料

色拉油、食盐各适量。

制作方法

1 将馒头切成薄厚1cm左右的均匀片状。

2 将鸡蛋打入碗中，加入少许清水和食盐，搅打成均匀的蛋液。

3 将切好的馒头片放在蛋液中，两面反转粘满蛋液即可。

4 起锅放油，小火炸制，待馒头片一面颜色逐渐变深后，可用筷子翻面继续炸，待馒头两面颜色金黄后捞出，关火。

5 稍控油后即可食用。

小提示

炸馒头片
● 馒头是以面粉经发酵制成，主要营养素是糖类，是人们补充能量的基础食物。

原料

高粉255克，奶粉12克，蛋清35克。

调料

食盐3克，酵母3克，黄油22克，细砂糖30克，色拉油适量。

制作方法

① 高粉、细砂糖、奶粉、酵母先放在一起混合均匀，加入蛋清和水把面粉混合均匀，揉成面团。

② 加入软化的黄油和食盐，继续揉至面团和黄油混合均匀。

③ 盖上保鲜膜发酵面团至2倍大。

④ 案板上撒上一层面粉，把面团揪成小块，放在案板揉成团。

⑤ 取一平底锅，倒入少许色拉油，把油烧热，把面团压成圆形面坯铺入煎锅中，并在锅中小心用手慢慢压开，摊成大一些的圆面饼。

⑥ 全程开中小火，两面翻转反复煎至金黄色即可出锅切块食用。

小提示

发面饼
● 鸡蛋清甘寒，能清热解毒，可以促进组织生长，伤口愈合。

发面饼

🐷 原料

面粉250克，猪肉馅150克。

🥄 调料

姜、葱、料酒、生抽、老抽、食盐、白胡椒粉、香油各适量。

制作方法

① 猪肉馅中依次加入姜末、白胡椒粉、料酒、老抽、食盐、生抽，搅拌均匀，再加入少许水，搅打上劲，然后加入葱末拌匀，最后调入香油，拌匀成馅料后待用。

② 面粉中加入40毫升开水，迅速搅拌成颗粒状的小面团，然后加入80毫升凉水，充分揉匀成光滑的面团，盖上湿布饧15分钟。

③ 醒好后的面团搓成长长的面棍，分成每个25克的小剂子，再擀成圆面皮。

④ 将圆面皮相对的两边向上折起一个小边，然后将面皮翻过去，取适量馅料放在面皮的中间，再将面皮上下折叠，用手指将两端压紧，制成褡裢火烧的坯子。

⑤ 平底锅中刷少许油，将制好的褡裢火烧坯子放入，煎至两面金黄即可。

小提示

褡裢火烧
● 猪肉能提供优质蛋白质和必需的脂肪酸，还可提供血红素(有机铁)和促进铁吸收的半胱氨酸，能改善缺铁性贫血症。

褡裢火烧

菠菜肉包

🍲 原料

面粉400克，猪肉馅300克，菠菜750克。

🍴 调料

料酒1大匙，生抽2大匙，芝麻油2大匙，植物油2大匙，葱丝10克，姜末7克，食盐2小匙。

🥄 制作方法

① 肉馅加1小匙盐，再加入料酒、生抽、姜末搅拌，使肉质顺滑具有黏性，淋上1大匙芝麻油拌匀。

② 将开水绕圈式倒入面粉中，用筷子快速搅拌，加冷水揉成光滑面团，加盖保鲜膜，静置20分钟。

③ 菠菜洗净，入开水锅焯烫半分钟，捞出过凉水，挤干水分，切碎。

④ 油锅烧热，放入葱丝，煸香捞出，倒入菠菜碎炒干，加1小匙食盐翻炒均匀，关火，加入1大匙芝麻油拌匀，放凉后加入肉馅中拌匀，成馅料。

⑤ 取出面团，揉光滑，搓成长条，切成每个30克的小剂子，擀成薄圆面皮，填入馅料，左右交叉捏合成麦穗形，上蒸屉蒸熟即可。

> **小提示**
>
> 菠菜肉包
> ● 菠菜具有促进肠道蠕动的作用，利于排便，且能促进胰腺分泌，帮助消化，对于慢性胰腺炎有一定的辅助治疗作用。

蛋炒饭

 原料

米饭300克，鸡蛋2个，胡萝卜1根。

 原料

食盐3克，食用油、葱花各适量。

 制作方法

1. 鸡蛋取蛋黄加少许食盐打散，胡萝卜洗净、去皮切丁。
2. 锅置火上加少许油烧热，将胡萝卜丁炒熟盛出待用。
3. 锅中留少许油烧至三成热时倒入蛋液，蛋液快凝固时倒入米饭。
4. 快速翻炒使每一粒米饭裹上蛋液，调少许食盐翻炒均匀。
5. 炒至米粒金黄、散开，倒入葱花、胡萝卜翻炒几下即可。

小提示

蛋炒饭
● 大米具有补中益气、健脾养胃、和五脏、通血脉、止渴、止泻的功效。

原料

大米适量。

调料

小葱、老抽、猪油各适量。

制作方法

1. 大米淘洗净，倒入电饭锅加入适量水，大约焖20分钟后盛出。
2. 小葱洗净，葱白和葱叶分开，切末。
3. 挖一勺猪油放入加热的锅子中。
4. 猪油溶化后，转小火，先将葱白末放入慢慢煸出葱香味。
5. 米饭放入，调入老抽，翻炒均匀，即可出锅，盛盘后再撒上葱花即可。

酱油炒饭

小提示

酱油炒饭
● 酱油含有多种维生素和矿物质，可降低人体胆固醇，降低心血管疾病的发病率。

辣白菜炒饭
● 辣白菜有开胃助食、增进食欲的功效。

辣白菜炒饭

原料

鸡蛋1个，辣白菜、香肠各适量。

调料

食盐、植物油、葱各适量。

制作方法

1. 大米淘洗净，倒入电饭锅加入适量水，大约焖20分钟后盛出。
2. 香肠切丁，辣白菜切碎，葱洗净，切葱花。
3. 锅上火倒入适量植物油，将鸡蛋煎熟捞出。
4. 辣白菜倒入锅里炒香，加入香肠继续翻炒入味。
5. 加入米饭，放适量的食盐，出锅前放入葱花搅拌均匀，出锅装盘后鸡蛋放在上面。

印尼炒饭

🍚 原料

米饭150克，洋葱30克，鸡肉、虾肉各20克。

🍴 调料

蒜蓉、辣椒酱各30克，番茄酱15克，生抽10克，葱花、食盐、植物油各适量。

🍳 制作方法

1. 将洋葱洗净，去掉外皮、根，切成小粒，将鸡肉洗净切成0.5厘米宽的小粒。
2. 油锅烧热，待油温在六成热时，放入洋葱炸至金黄色，捞出，沥净油，盛出备用。
3. 中火烧热锅中的植物油，待油温在六成热时，放入洋葱粒、虾肉翻炒均匀，倒入米饭继续炒匀。
4. 待米饭炒匀，调入蒜蓉、辣椒酱、番茄酱、生抽、食盐拌炒均匀，盛入盘中，撒上葱花即可食用。

小提示

印尼炒饭
● 洋葱具有抗菌消炎、增强机体新陈代谢的功能。

蜜汁八宝饭
● 糯米具有维持毛细血管通透性，改善微循环从而预防动脉硬化的作用。

🍚 原料

糯米200克，红枣8颗，葡萄干、山楂条、什锦果脯各10克。

🍴 调料

猪油、蜂蜜、白糖各适量。

🍳 制作方法

1. 红枣洗净，泡软去核，葡萄干洗净。
2. 糯米洗净，浸泡4小时，上屉蒸熟。
3. 盆中抹上猪油，再摆上果脯，将糯米饭、剩余猪油、红枣、葡萄干、山楂条拌在一起，装入小盆内，再上屉蒸30分钟，出锅，扣入盘中。
4. 炒锅烧热，放入适量蜂蜜和白糖，熬制成蜜汁，浇在八宝饭上即可。

蜜汁八宝饭

🐮 原料

牛肉150克，大米300克，青椒1根，鸡蛋1个，洋葱1个。

🧂 调料

姜、食盐、老抽、黑胡椒粉、淀粉、植物油各适量。

制作方法

① 大米淘洗净，倒入电饭锅加入适量水，大约焖20分钟。

② 青椒、洋葱、姜洗净，切小丁，鸡蛋取蛋黄加少许食盐打散，锅内热油，将蛋液划成鸡蛋碎盛出待用。

③ 牛肉切粒，加老抽、黑胡椒粉、淀粉腌制1个小时。

④ 锅里热油，加姜爆香，倒入腌制好的牛肉翻炒至变色。

⑤ 倒入米饭翻炒均匀，最后加入青椒、鸡蛋碎、洋葱即可。

> **小提示**
>
> 滑蛋牛肉炒饭
> ● 牛肉中含有的锌是一种有助于合成蛋白质、能促进肌肉生长的抗氧化剂，对提高机体免疫力具有积极作用。

滑蛋牛肉炒饭 ▷

海鲜炒饭

孜然牛肉炒饭

🦪 原料

大米200克，虾仁6个，鱿鱼适量。

🦪 原料

牛肉100克，胡萝卜半根，米饭1碗。

🥄 调料

小葱、食盐、食用油、料酒、淀粉、胡椒粉各适量。

🥄 调料

葱、孜然粉、姜粉、花椒粉、食盐、色拉油各适量。

🍲 制作方法

1. 大米淘洗净，倒入电饭锅加入适量水，焖20分钟。
2. 小葱洗净切末，鱿鱼切丁。
3. 将鱿鱼、虾仁加入少许胡椒粉、盐、料酒、淀粉上薄浆放入滚水中快速汆一下捞出。
4. 锅内倒入1大勺油烧热，加入米饭、调入少许食盐翻炒至均匀受热，放入事先准备好的海鲜，炒匀后撒上葱末即可装盘。

🍲 制作方法

1. 将牛肉、葱、胡萝卜、土豆洗净，切丁。
2. 炒锅烧热倒油，将葱煸炒，放入牛肉翻炒至变色。
3. 将牛肉丁盛出备用。
4. 锅中加入适量油，加入胡萝卜丁翻炒1分钟，加入米饭翻炒均匀。
5. 加入牛肉丁，撒上孜然粉、姜粉、花椒粉、食盐炒匀后出锅装盘即可。

小提示

海鲜炒饭
● 虾仁富含蛋白质，具有缓解疲劳、恢复视力的功效。

孜然牛肉炒饭
● 牛肉可增强免疫力、提高机体抗病能力。

原料

黑米、糯米各100克，红枣5颗，猕猴桃干、白果、樱桃、菠萝、葡萄干各适量。

调料

猪油、糖、淀粉、植物油适量。

 制作方法

1. 糯米、黑米淘洗干净，放水煮成米饭。
2. 枸杞和葡萄干用水洗净，红枣对半切开用水泡一会儿，白果去壳，樱桃、猕猴桃干、菠萝切片。
3. 用一个碗，将所有除糯米和黑米外的所有原料，在碗底放好花型。
4. 煮好的饭放入猪油拌匀，放糖继续拌匀。
5. 盛到碗里，用勺子压实，放在锅里蒸10分钟。
6. 锅里放一点油烧热，放入糖熬成焦糖色，加水化开，放入水果煮开，用淀粉勾芡。
7. 糯米饭倒扣在盘子里，樱桃片、菠萝片码盘即可。

小提示

水果八宝饭

● 水果八宝饭具有补中益气之功效，能祛风除湿，对风湿腰腿疼痛有良效。

水果八宝饭

🍚 原料

米饭200克，火腿肠2个，鸡蛋2个，玉米粒、青豆、洋葱粒各60克。

🍴 调料

油、食盐、味精各适量。

🥢 制作方法

1️⃣ 将玉米粒、青豆、洋葱粒炒熟，鸡蛋打散备用。
2️⃣ 锅中入油烧热，放入打散的鸡蛋，在鸡蛋液未成形前用筷子搅动，加少量食盐，装盘待用。
3️⃣ 火腿肠切丁，油加热后倒入，煎至变色，装盘待用。
4️⃣ 重新点火，油加热后倒入米饭，翻炒后加入炒好的玉米粒、青豆、洋葱、鸡蛋、火腿肠丁，加入食盐、味精搅拌均匀即可盛出。

 小提示

火腿炒饭
● 火腿炒饭具有健脾开胃、生津益血、滋肾填精之功效，对虚劳怔忡、脾虚少食、久泻久痢、腰腿酸软等症有好处。

火腿炒饭 ≫

青豆炒饭

 原料

米饭200克，鸡蛋2个，青豆、洋葱各60克。

调料

油、食盐、葱花各适量。

制作方法

1. 将鸡蛋打散成蛋液放入碗中，洋葱洗净，切末。
2. 油锅烧热，将青豆、葱花、洋葱末炒熟待用。
2. 另锅热油，倒入鸡蛋液，加少量盐炒成鸡蛋块。
3. 倒入米饭，翻炒后加入炒好的鸡蛋块、青豆、葱花、洋葱末，加入盐搅拌均匀即可盛出。

小提示

青豆炒饭
- 该炒饭含有蛋白质和纤维、维生素A、维生素C、钙、磷、钾、铁，具有养心安神、补血、滋阴润燥之功效。

油菜蛋炒饭

 原料

大米190克，鸡蛋95克，油菜50克。

 调料

食盐1/2勺，油3汤勺，料酒1汤勺。

制作方法

1 油菜洗净，切碎，大米放入电饭锅加入适量的水煮熟。

2 在鸡蛋中加入料酒，打成蛋液。

3 在锅中加入油烧热，下入蛋液翻炒成块。

4 接着，加入米饭和切好的油菜翻炒均匀。

5 然后，加食盐调味，炒匀即可。

小提示

油菜蛋炒饭
● 油菜具有降低血脂、宽肠通便、帮助肝脏排毒的功效。

🍲 原料

大米250克，鸡脯肉适量，黄瓜1/2根，胡萝卜1/2根，花生仁30克，鸡蛋1个。

🍴 调料

植物油、生抽、醋、味精、姜、辣椒粉、食盐、白糖、水淀粉、生粉、干辣椒、蒜、葱各适量。

🍳 制作方法

① 把鸡脯肉切成拇指大小的丁，用鸡蛋、生粉、食盐腌制，准备一碗水淀粉，加入食盐、味精、白糖、醋、生抽调成汁。

② 黄瓜和胡萝卜洗净，切丁，葱、姜、蒜切丝。

③ 热油滑炒鸡丁，炒变色后盛出。

④ 热油锅放干辣椒、葱丝、姜丝煸炒出香味儿。

⑤ 加入鸡丁、胡萝卜、黄瓜和花生仁，然后倒入调好的汁、辣椒粉，翻炒几下出锅。

⑥ 把焖好的大米盛在碗里，将做好的鸡丁等浇在上面即可。

小提示

宫保鸡丁盖饭
● 胡萝卜在改善心脑功能、促进儿童智力发育方面，更是有较好的作用。

宫保鸡丁盖饭 ▶

金沙汤圆

 原料

糯米粉200克，南瓜半颗，熟咸蛋3个，麦片适量。

调料

粟粉、黄油、炼乳各适量。

 制作方法

1. 咸蛋去壳取出咸蛋黄，用勺压碎。
2. 黄油用小火熔化，将黄油倒入压碎的咸蛋黄碗中。
3. 将粟粉和炼乳倒入咸蛋黄碗中，搅拌均匀，冷却凝结后即为金沙馅。
4. 南瓜上蒸锅蒸软，用勺子压成泥，分次加入糯米粉。
5. 将南瓜糯米粉和成团，取一小块用手压成汤圆皮，包入金沙馅，捏紧、搓圆。
6. 把包好的汤圆放入碟中待用，水煮沸后，倒入汤圆。
7. 煮至浮起来即可捞起，放入冷开水中。
8. 待冷却后捞出汤圆，放入装有麦片的碗中，晃动碗令汤圆均匀沾满麦片即可。

小提示

金沙汤圆
● 汤圆能帮助肝、肾功能的恢复，增强肝、肾细胞的再生能力。

原料

米饭250克，胡萝卜1根，猪肉碎150克。

调料

葱、咖喱、辣酱、食盐各适量。

制作方法

1. 胡萝卜洗净，切丁煮熟，葱花切好，猪肉碎备用。
2. 平底锅下油烧热，放入咖喱、辣酱炒香。
3. 加入猪肉碎，炒熟，加入胡萝卜丁、米饭、食盐翻炒均匀。
4. 撒上葱花，翻炒均匀。

咖喱炒饭

小提示

咖喱炒饭
● 猪肉具有温身、健脾、暖胃、刺激食欲等功能。

虾炒饭
● 该食品具有补肾壮阳、通乳之功效。

原料

米饭250克，火腿1根，大虾适量。

调料

葱1根、粟米油、生抽、食盐各适量。

制作方法

1. 将火腿切成丁，油锅烧热后倒入，煎至变色，装盘待用。
2. 同样锅里倒入适量的粟米油，放入虾爆香。
3. 倒入预先煮好的米饭、火腿丁，倒入适量的生抽，炒匀。
4. 放入适量的葱花、食盐炒匀，即可关火食用盛盘。

虾炒饭

🍲 原料

米饭250克，牛肉150克，土豆1个，彩椒2个。

🍴 调料

食盐、料酒、水淀粉、姜、八角、酱油各适量。

🥄 制作方法

1. 洗净牛肉，逆着纹理切成块状，放少许食盐、料酒、水淀粉腌制15分钟。
2. 土豆去皮洗净，切成小块后，放入清水中浸泡，姜切片待用。
3. 彩椒改刀切成菱形块。
4. 锅中放油烧热，爆香姜片、八角，放入牛肉块、彩椒块拌炒几下，加入土豆翻炒，再加入酱油炒匀。
5. 锅中注入2碗清水，加盖大火煮沸改小火炖煮40分钟左右。
6. 盛出浇在米饭上。

小提示

土豆牛肉盖饭
● 土豆含有丰富的维生素及钙、钾等微量元素，且易于消化吸收，营养丰富。

土豆牛肉盖饭

西红柿鸡蛋盖饭

原料

米饭200克，西红柿1个，鸡蛋2个。

调料

葱、油、食盐各适量。

制作方法

1. 西红柿洗干净，切成小块，葱洗净，切葱花。
2. 油锅烧热，倒入打散的鸡蛋，炒熟。
3. 准备一碗米饭。
4. 锅内倒入油烧热，倒入西红柿。
5. 待西红柿炒出汁来，倒入炒好的鸡蛋，放些食盐翻炒均匀。
6. 将炒好的西红柿鸡蛋铺在米饭上，撒上葱花就可以了。

小提示

西红柿鸡蛋盖饭
● 西红柿可抵抗衰老，增强免疫力，减少疾病的发生，其所含的番茄红素还能减轻紫外线对皮肤的伤害、减少色斑沉着。

🐨 原料

米饭250克，牛腩200克，胡萝卜1根，鸡蛋1个，玉米粒、青豆、洋葱各70克。

🍴 调料

橄榄油、食盐、葱、姜、酱油、黑胡椒粉各适量。

制作方法

① 将胡萝卜洗净，切丁，牛腩洗净，切成粒。

② 将玉米粒、青豆、洋葱炒熟备用。

③ 锅中倒入橄榄油烧热，将鸡蛋打散下锅，加入少许食盐，用锅铲快速将鸡蛋炒散，盛出碗中待用。

④ 另锅热油将葱、姜爆炒后加牛腩，牛腩炒至收汁后放食盐调味，加一些酱油和黑胡椒粉，炒匀盛出备用。

⑤ 将饭炒散，把准备好的菜一起倒进去再翻炒片刻，盛起即可。

小提示

牛腩炒饭

● 牛腩的脂肪含量很低，但却富含结合亚油酸，这些潜在的抗氧化剂可以有效修复运动中造成的组织损伤。

牛腩炒饭

咸鱼鸡粒炒饭

🐮 原料

鸡胸肉100克，咸鱼半条，土豆50克，鸡蛋2个，米饭适量。

🍴 调料

葱花、生粉、生抽、芝麻油、橄榄油、食盐各适量。

🍶 制作方法

① 鸡胸肉切粒用生粉、生抽、芝麻油腌片刻，土豆洗干净，切丝待用。

② 咸鱼洗净把大骨剔掉切成粒待用。

③ 锅中倒入橄榄油烧热，将鸡蛋打散放入锅中，加入少许食盐，用锅铲将鸡蛋快速炒散，盛出碗中待用。

④ 热锅倒入橄榄油先炒香咸鱼粒，炒至金黄色盛起备用。

⑤ 锅里再倒入少许橄榄油转中火滑炒鸡肉粒，炒至转色也盛起备用。

⑥ 继续使用底油放入土豆丝炒出香味，倒入米饭、鸡蛋大火翻炒。

⑦ 然后将咸鱼以及鸡肉粒加入继续翻炒。

⑧ 炒均匀之后撒入葱花即可。

小提示

咸鱼鸡粒炒饭

● 该炒饭含有人体所需的多种必需氨基酸，特别是其中的赖氨酸，它是米、面等粮食中最缺乏的，可避免赖氨酸缺乏症的发生。

青椒牛肉蛋炒饭

🍳 原料

米饭250克，牛肉100克，青椒80克，鸡蛋2个。

🍴 调料

油、料酒、食盐、生抽各适量。

🍲 制作方法

1️⃣ 青椒洗净，切丝，牛肉切丝，用料酒、食盐、生抽腌10分钟。

2️⃣ 油锅烧热，将鸡蛋打散放入锅中，加入少许食盐，用锅铲将鸡蛋快速炒散，盛出碗中待用。

3️⃣ 另起油锅煸炒牛肉丝，等肉丝变色放入青椒丝煸炒，放盐煸炒一会儿盛出。

4️⃣ 锅中放油放入米饭翻炒，米饭炒热后放入全部食材翻炒。

5️⃣ 放点食盐，再放点生抽翻炒均匀即可。

小提示

青椒牛肉蛋炒饭

● 青椒具有消除疲劳的作用，而且青椒中还含有维生素P，能起到强健毛细血管的作用。

奶香黑米馒头

🥣 原料

面粉200克，黑米粉100克，牛奶250毫升。

🍴 调料

发酵粉、面包酱各适量。

🥄 制作方法

1. 将面粉、黑米粉、发酵粉混合后用牛奶和成软硬适中的面团。
2. 盖保鲜膜发酵4小时左右。
3. 发好的面团放面板上反复揉匀。
4. 将面团揪成小面剂，揉成馒头胚子。
5. 上笼屉蒸15分钟后，搭配面包酱食用即可。

小提示

奶香黑米馒头
- 黑米具有滋阴补肾、健脾暖肝、补益脾胃、益气活血、养肝明目等功效，有利于防治头昏、目眩、贫血、食欲缺乏、脾胃虚弱等症。

菠萝炒饭

 原料

菠萝1个，黄瓜、虾仁、腊肠、鸡蛋、米饭、胡萝卜、豌豆、肉松、洋葱各适量。

调料

色拉油、食盐、黑胡椒粉各适量。

 制作方法

1. 将菠萝清洗外表后在2/3高度处平切一刀，分成两半。
2. 用不锈钢大勺子将菠萝内部挖干净。
3. 将所有原料洗净，将胡萝卜、洋葱切末，腊肠切丁，黄瓜切片。
4. 将虾剥壳，鸡蛋打成蛋液，挖出来的菠萝肉的1/3切成小丁。
5. 将虾仁用开水冲泡1分钟，然后沥干水分。
6. 炒锅烧热，倒油放入洋葱翻炒出香味，加入香肠和胡萝卜翻炒1分钟左右，再加入豌豆翻炒片刻。
7. 加入米饭翻炒均匀，淋入蛋液继续翻炒均匀。
8. 加入虾仁，再撒上食盐和黑胡椒粉翻炒均匀，出锅装入菠萝碗中，最后撒上准备好的肉松，放两片黄瓜点缀即可。

小提示

菠萝炒饭
- 菠萝炒饭具有健胃消食、补脾止泻、清胃解渴的功效，不仅能够促进食欲，还能消除炎症和水肿。

Part 5 洋式早餐

全麦面包

🥘 原料

全麦面粉250克，花生碎50克。

🍴 调料

细白砂糖、盐、酵母粉、无盐黄油各适量。

🥄 制作方法

1. 酵母粉放入温水，化开成酵母水。
2. 全麦面粉、细白砂糖、盐混合，加入酵母水，和成面团。
3. 面团中加入黄油，继续揉面，揉成具有延展性的面团。
4. 将面团放入容器中，盖上保鲜膜，进行基本发酵。
5. 将发酵好的面团分成2等份，滚圆后盖上保鲜膜，松弛10分钟。
6. 松弛好的面团擀成椭圆形的面片，从面片上端向内卷，并将面团尾端捏紧，做成橄榄形的面包坯，再撒上花生碎。
7. 将做好的面包坯盖上保鲜膜，进行最后发酵。
8. 用刀在发酵好的面包坯上斜切上刀口，继续发酵10分钟。
9. 烤箱预热，在发酵好的面包坯上均匀地喷上水，送入烤箱，以180摄氏度火力烘烤25分钟，拿出切片即可食用。

小提示

全麦面包
- 花生性平，味甘；可润肺、和胃、补脾；有润肺化痰、滋养调气、清咽止咳之功效。

🐨 原料

中筋面粉500克，奶油275克，鸡蛋液550毫升，粟粉15克，牛奶500毫升。

🍴 调料

白糖450克，吉士粉20克，泡打粉4克。

🥄 制作方法

① 中筋面粉、泡打粉混匀倒在砧板上，中间开个窝，放入奶油、400克白糖，加入100毫升鸡蛋液拌匀成面团，静置20分钟。

② 牛奶加清水、白糖煮沸成甜牛奶，余下蛋液与甜牛奶、粟粉、吉士粉搅匀成蛋奶糖水。

③ 将每份面团放入菊花形模具中捏成蛋挞坯，舀入蛋奶糖水，置入炉温为上火160℃、下火180℃的烤炉中，烘烤至成熟即可。

 小提示

港式蛋挞
● 奶油富含维生素A，适宜缺乏维生素A的人食用。

港式蛋挞

🥘 原料

挞皮10只，鸡蛋2个，淡奶油120克，炼乳15克。

🍴 调料

低粉10克，红、绿果酱各适量。

🍶 制作方法

1️⃣ 将鸡蛋的蛋黄和蛋清分开，只要蛋黄，分好的蛋黄加入淡奶油、低粉、炼乳，搅拌均匀制成挞水。

2️⃣ 拌好的挞水过筛，挞皮里加入过滤好的挞水，加上适量的红、绿果酱。

3️⃣ 烤箱200℃预热，烤25分钟左右，美味的蛋挞就好了。

> **小提示**
>
> 果酱蛋挞
>
> ● 果酱含有天然果酸，能促进消化液分泌，有增强食欲、帮助消化之功效，还能增加血红素，对缺铁性贫血有辅助疗效。

果酱蛋挞

牛肉情怀汉堡

🥘 原料

牛排肉200克，汉堡坯10个，酸黄瓜末5克，生菜叶10片。

🍴 调料

植物油、黑胡椒、白酒、沙拉酱、食盐各适量。

🍳 制作方法

① 生菜叶洗净，汉堡坯切成上下两半备用。

② 牛排肉加食盐、白酒略微拍打后，在表面用叉子叉几个洞，把黑胡椒均匀地撒在牛排肉上。

③ 油锅烧热，放入牛排肉煎至三四成熟，放入烤箱用160℃烤至全熟后切块。

④ 在半个汉堡坯上放入生菜叶、牛排、酸黄瓜末和沙拉酱，盖上另一半汉堡坯即可。

小提示

牛肉情怀汉堡

● 牛肉能提高机体抗病能力，对生长发育及手术后、病后调养的人在补充失血、修复组织等方面有益。

鲜菇潜艇堡

🍱 原料

潜艇堡1个，杏鲍菇2朵，黄瓜片20克，红甜椒丝30克，紫洋葱圈30克，生菜叶少许。

🍴 调料

原味酸奶20毫升，抹茶粉5克，面粉、小苏打、食用油各适量。

🍳 制作方法

1. 原味酸奶和抹茶粉混匀成抹酱，生菜叶洗净备用。
2. 杏鲍菇洗净切片，面粉与小苏打混合搅拌成糊，杏鲍菇挂糊入油锅中炸至金黄捞出备用。
3. 将潜艇堡放入预热过的烤箱烤热，横切开取一片，涂上适量抹酱，铺上生菜叶，再放上红甜椒丝、黄瓜片、杏鲍菇片、紫洋葱圈，盖上另一片面包即可。

> **小提示**
>
> 鲜菇潜艇堡
> ● 杏鲍菇含有大量谷氨酸和通常食物里罕见的伞菌氨酸、口蘑氨酸和鹅氨酸等，所以风味尤其鲜美。

🍲 原料

法国面包1个，生菜、黑胡椒牛肉片、西红柿各1片。

🍴 调料

沙拉酱少许。

🥢 制作方法

1. 生菜洗净，法国面包切成两片，放入烤箱中略烤热，取一片涂抹上沙拉酱。
2. 放入生菜、熟的黑胡椒牛肉片和西红柿片，再盖上另一片法国面包即可。

黑胡椒牛肉堡

小提示

黑胡椒牛肉堡
● 该食品能补充营养，增强力量。

香芋吐司卷
● 香芋吐司卷能增进食欲，帮助消化。

香芋吐司卷

🍲 原料

半个芋头，吐司面包、白芝麻各适量，蛋液50克，鸡蛋1个。

🍴 调料

食用油适量。

🥢 制作方法

1. 鸡蛋打散，半个芋头蒸熟捣成泥。
2. 吐司面包放锅里热一下后，把四边切掉。
3. 把吐司面包片卷上芋头泥，在面包的卷口两边再沾上蛋液，粘些芝麻在上面，都卷好了就可以上锅炸至金黄色。
4. 晾凉装盘即可。

鸡蛋蔬菜三明治

🥗 原料

面包片3片，鸡蛋2个，黄瓜1根，小番茄1个。

🍴 调料

食用油适量。

🥄 制作方法

1. 黄瓜洗净，切片，小番茄洗净。
2. 将鸡蛋打散成蛋液后，用滤网过滤泡泡备用。
3. 锅内刷上少许油，倒入蛋液，快速转动锅子，以小火煎成蛋片，煎2片备用。
4. 取一片面包片，抹上沙拉酱。
5. 按顺序叠上黄瓜片、蛋片、面包片，依次做两遍。
6. 取面包刀斜切成两个三明治将剩余黄瓜片和小番茄做装饰即可。

小提示

鸡蛋蔬菜三明治
● 黄瓜中含有丰富的维生素E，可起到抗衰老的作用，黄瓜中的黄瓜酶，有很强的生物活性，能有效地促进机体的新陈代谢。

金丝鸭汉堡

🦞 原料

汉堡片2个，生菜1片，鸭肉条150克，洋葱丝20克，熟白芝麻少许。

🍴 调料

食盐、胡椒粉、七味粉、姜泥、食用油、酱油、白糖、米酒、沙拉酱各适量。

🔨 制作方法

1. 酱油、白糖、米酒混匀，入锅以小火煮至白糖溶化，鸭肉条撒上食盐和胡椒粉。
2. 烧热油锅，将洋葱丝炒至香味溢出变软，加入腌好的鸭肉条，炒至变色后再加入适量调味汁炒至收汁，再加入姜泥拌匀，最后撒上熟白芝麻。
3. 将汉堡包抹上沙拉酱，夹入生菜，撒上七味粉，食用时夹入鸭肉条即可。

小提示

金丝鸭汉堡
● 鸭肉有养胃生津、清热健脾、助消化的功效。

火腿蛋三明治

 原料

去边白吐司3片，鸡蛋1个，火腿片1片。

调料

食用油适量。

制作方法

① 将鸡蛋打散拌匀，用滤网过滤泡泡备用。

② 锅内刷上少许油，倒入蛋液，快速转动锅子，以小火煎成蛋片，煎2片备用。

③ 火腿片放入沸水中汆烫后取出备用。

④ 依次按顺序叠上1片吐司、蛋皮、1片吐司、火腿片、1片吐司。

⑤ 取面包刀斜切成4个三明治，用竹签固定即可。用餐时可搭配薯条、果酱一块食用。

小提示

火腿蛋三明治
● 鸡蛋有健脾开胃、生津益血之功效。

火腿沙拉三明治

原料

面包片3片，鸡蛋2个，番茄1个，方形火腿片、生菜叶各适量。

调料

沙拉酱、盐水各适量。

制作方法

1 取一片面包片，用杯子做模型将面包片压成中空。
2 用盐水洗净生菜叶，番茄洗净，切片备用。
3 打开微波炉用高火预热3分钟，放1片面包，再放上一片中空的面包片，将鸡蛋打入中空处，盖上一片番茄片，再用一片面包片覆盖，用高火正反面各加热40秒取出。
4 掀开最上面的面包片，加上生菜叶、火腿片、沙拉酱，对角切成三角形即可。

小提示

火腿沙拉三明治
● 该食品具有养胃生津、止渴润肠等作用。

冰冻三明治 ▶▶

🥘 原料

吐司2片，蛋液50克，火腿片1片。

🍴 调料

白糖1小匙，沙拉酱、食用油各适量，鲜奶油50克。

🍳 制作方法

1. 鸡蛋打散成蛋液，蛋液均匀地布满热油锅里，小火煎成蛋皮，盛出切成吐司大小的方蛋皮。
2. 鲜奶油倒入容器中，加入白糖搅打成固体状。
3. 取2片吐司分别抹上一面沙拉酱备用。
4. 取1片吐司为底，放入蛋皮，抹上适量鲜奶油，并放入火腿片，再将另1片吐司抹上鲜奶油盖上，稍微压紧切除四边吐司边，再对切成两份即可。用餐时可搭配薯条、果酱一块食用。

> **小提示**
>
> 冰冻三明治
> ● 该三明治含有蛋白质、脂肪、糖类、少量维生素及钙、钾、镁、锌等矿物质，香甜可口，易于消化、吸收，食用方便。

🥘 原料

法国面包1段，鸡胸肉300克，西红柿片3片，生菜1片。

🍴 调料

食盐、黑胡椒粉、传统沙拉酱、食用油各适量。

制作方法

1️⃣ 鸡胸肉改刀成小薄片，用黑胡椒粉、食盐腌制1分钟，放入锅中略煎至金黄色成熟时，备用。

2️⃣ 生菜洗净，沥去水分切段备用。

3️⃣ 法国面包从中间切开但不切断，内面上抹上适量传统沙拉酱，摆上生菜碎、西红柿片、鸡肉片即可。用餐时可搭配薯条、蔬菜一块食用。

> 小提示
>
> 鸡肉三明治
> ● 鸡肉具有温中益气的功效，可以缓解消渴、水肿等症状。

鸡肉三明治

熏鸡潜艇堡

🍚 原料

法国面包1/4段，生菜2片，西红柿2片，熏鸡肉40克，紫洋葱圈适量。

🍴 调料

沙拉酱少许，黑胡椒粉适量。

🍳 制作方法

1. 法国面包横切成两片，放入烤箱中略烤热，涂抹上沙拉酱。
2. 放入生菜、紫洋葱圈、西红柿片和熏鸡肉，撒上黑胡椒粉，抹上剩余沙拉酱，再盖上另一片法国面包，用竹签固定即可。

小提示

熏鸡潜艇堡
● 该食品可温中益气，养肝舒胃。

香蕉三明治

🍚 原料

吐司2片，香蕉1根。

🍴 调料

香蕉沙拉、沙拉酱各适量。

🍳 制作方法

1. 香蕉去皮切小丁放入碗中。
2. 取一片吐司片放上香蕉沙拉。
3. 再放沙拉酱和香蕉丁拌匀。
4. 再盖上一片吐司片。
5. 用模具压一下，切成两份即可。

小提示

香蕉三明治
● 香蕉含丰富的可溶性纤维，也就是果胶，可帮助消化、调整肠胃机能。

培根三明治

原料

去白边吐司3片，生菜、熟培根肉各适量，火腿、西红柿片、里脊肉各1片，鸡蛋1个，牛奶10毫升。

调料

酱油、面粉、面包粉各1/4小匙，传统沙拉酱1小匙，食用油适量。

制作方法

1. 鸡蛋打散加入牛奶拌匀。
2. 热锅放油小火煎熟鸡蛋，成鸡蛋饼备用。
3. 里脊肉片加入酱油、沙拉酱、面粉、面包粉混合的腌料拌匀，锅内放入少许油以小火煎熟并略煎火腿片备用。
4. 依序叠上1片吐司、西红柿片、生菜、鸡蛋饼、里脊肉、1片吐司片、火腿片、熟培根肉，再放上1片吐司，切块装盘即可。用餐时可搭配薯条、蔬菜、沙拉酱一块食用。

小提示

培根三明治
● 培根三明治的营养均衡，易于吸收。

烘蛋三明治

🥘 原料

鸡蛋2个，全麦吐司3片，洋葱丝5克，胡萝卜2克，卷心菜丝10克，生菜10克，西红柿片3克。

🍴 调料

乳玛琳、沙拉酱各1小匙，食用油少许，葱段、白胡椒粉、食盐各适量。

🥄 制作方法

1. 鸡蛋打成蛋液，加入白胡椒粉和食盐搅拌，生菜洗净，泡入冷开水中至变脆，捞出沥干备用。
2. 平底锅倒入少许油烧热，放入洋葱丝、胡萝卜丝、卷心菜丝和葱段小火炒出香味盛出，倒入蛋液摊成蛋饼，改中火烘至蛋液熟透，切成吐司相同大小的方片备用。
3. 全麦吐司一面抹上乳玛琳，放入烤箱中，以150℃略烤至呈金黄色，取出备用，取1片为底，依序放入鸡蛋饼、西红柿片，盖上另1片全麦吐司，再放入生菜并淋上沙拉酱，盖上最后1片全麦吐司，稍微压紧切除吐司四边再对切成4份，加竹签固定即可。用餐时可搭配薯条、番茄酱一块食用。

> 小提示
>
> 烘蛋三明治
> ● 该三明治含有水溶性膳食纤维，可降低胆固醇，有效降低心脑血管发生病变的风险。

🍲 原料

高粉300克，鲜鱿鱼筒、鲜虾、青、红、黄椒各适量。

🍴 调料

酵母4克，水、番茄酱、白糖、食盐、马苏里拉芝士各适量。

🥄 制作方法

① 将高粉、白糖、酵母、适量的水和少量的食盐混合揉成光滑面团，发酵后，排气、饧15分钟备用。

② 将红、青、黄椒切成长条状，吸干水分备用。

③ 将饧好的饼皮擀开，比萨盘刷上一层油，放入饼皮。

④ 将番茄酱平均地铺在饼皮上，撒上一层芝士。

⑤ 撒上红、青、黄椒，鲜虾和鱿鱼筒，再撒上一层芝士。

⑥ 烤箱约170℃，烤约30分钟，出箱装盘即可。

> **小提示**
>
> 海鲜比萨
>
> ● 虾含有丰富的多价不饱和脂肪酸，可以降低甘油三酯和低密度脂蛋白胆固醇，减少心血管疾病发生的风险。

海鲜比萨

总汇三明治

🥘 原料

吐司3片，吐司火腿2片，鸡蛋2个，西红柿1/2个，小黄瓜1/2根。

🍴 调料

食用油、沙拉酱各适量。

🍶 制作方法

1. 小黄瓜洗净切丝，西红柿洗净切成圆片。
2. 取锅，倒入少许油烧热，将鸡蛋打入锅内，压破蛋黄，煎至熟后盛出。
3. 另起锅，倒入少许油烧热，将火腿放入后，煎至两面略黄呈酥脆状，即可盛出。
4. 将吐司放入烤面包机中，烤至两面呈现脆黄状，除了外层的吐司只涂一面外，其余吐司的两面皆均匀地涂上沙拉酱备用。
5. 先取1片外层吐司（有沙拉酱的面朝上），将小黄瓜丝、鸡蛋放上，叠上1片吐司，再放上西红柿及火腿，再叠上最后1片吐司，将叠好的3片吐司合拢，先切去吐司边再切成两个三角形即可。用餐时可搭配薯条、黄瓜片、圣女果一块食用。

> **小提示**
>
> 总汇三明治
> ● 总汇三明治具有养胃生津、增进食欲等作用。

木瓜沙拉

🐷 **原料**

木瓜1个。

🍴 **调料**

沙拉酱适量。

🎤 **制作方法**

① 木瓜切成两半，把木瓜籽去掉，削皮，切块。

② 按照图中的样子摆放在盘中，挤上沙拉酱即可。

小提示

木瓜沙拉
● 木瓜具有健脾、消食、消炎杀菌的功效。

丹麦吐司
● 该吐司具有养心、益肾、除热、止渴的作用。

🎤 **制作方法**

① 将所有材料（除片状黄油）一起混合均匀发酵好后，将面团揉至表面光滑，擀成大片，速冻30分钟。

② 将片状黄油擀成长方形。

③ 取出冷冻好的面片，将片状黄油放在面片中间。

④ 用面片将黄油包裹，收口处捏紧，擀开成长方形的大片，从右侧向内折1/4，左边同样折起连接。

⑤ 再对折，完成一次四折，再次擀成长方形大片，左右各向中间1/3处折叠一次，完成一次三折。

⑥ 擀成1.5厘米厚的长方形，切割成长条，每三条一组，每组225~250克。

⑦ 切面向上，捏紧顶端，辫三股辫，编好的一组，切面都要朝外，两端折起，连接，形成双层，入模。

⑧ 室温发至八分满，刷蛋液，入预热好的烤箱烘焙，出炉立即脱模晾凉即可。

🐷 **原料**

高粉375克，低粉125克，鸡蛋液75克，奶粉15克。

🍴 **调料**

酵母、食盐、黄油、安佳片状黄油、白糖各适量 。

丹麦吐司

水果吐司卷

🍲 原料

芝麻、吐司、草莓、蓝莓、香蕉各适量。

🍴 调料

沙拉酱1小匙，黄油适量。

🍳 制作方法

1 草莓切块、香蕉切条、蓝莓洗净即可

2 取一片吐司，把吐司边切掉。

3 吐司压扁，涂上沙拉酱。

4 摆上草莓、香蕉、蓝莓，卷成卷。

5 锅内放黄油，等黄油化了放入卷好的吐司卷，煎至各面微黄即可。

6 两头也稍微煎一下，蘸上芝麻即可。

小提示

水果吐司卷
● 蓝莓中含有丰富的营养物质，蓝莓果实中的花青素，是非常强的抗氧化剂，可以帮助预防动脉内斑块的形成。

原料

小麦富强粉400克，小麦面粉200克，鸡蛋黄20克，奇异果1个，奶酪丝50克，圣女果适量。

调料

奶酪粉50克，橄榄油40克，奶油白酱50克。

制作方法

1. 将原料中的面粉和成面团，发酵后擀成面皮，将面皮放入抹油的烤盘中，移入预热210℃的烤盘中。
2. 烘烤约7分钟，至颜色呈金黄色后取出。
3. 将奇异果洗净、去皮切丁，备用，圣女果切丁备用。
4. 将烤盘刷上一层薄油，放入饼皮，并抹上奶油白酱。
5. 接着在饼皮上均匀撒上奶酪丝。
6. 再均匀铺上水果，最后再撒上奶酪粉。
7. 将饼皮移入预热200℃的烤箱中，烘烤约3分钟，奶酪表面呈金黄色后，即可取出。

小提示

鲜果比萨
- 鲜果比萨含有丰富的膳食纤维，不仅能降低胆固醇，促进心脏健康，而且可以帮助消化，调理肠胃。

鲜果比萨

香蕉吐司

 原料

吐司2片，香蕉1个，蛋液100克，黑芝麻50克。

调料

糖浆、食用油各适量，奶油1/2茶匙。

制作方法

1. 香蕉去皮后切成0.3厘米的薄片。
2. 吐司涂上奶油，再将其中1片铺满香蕉片，盖上另1片合拢、压紧。
3. 将准备好的吐司均匀蘸抹上蛋液，撒上黑芝麻，放入约120℃的油锅中，炸至两面呈金黄色后捞出沥油。
4. 切去吐司边再成均等的三角形即可。

小提示

香蕉吐司
- 香蕉能缓和胃酸的刺激，保护胃黏膜。

草莓吐司

🐨 原料

厚吐司1片，鸡蛋1个。

🍴 调料

草莓酱适量，牛奶20毫升，蜂蜜1/4小匙，奶油1小匙。

🥄 制作方法

1 取容器，将鸡蛋打入后打散，再加入牛奶拌匀成牛奶蛋液备用。

2 将厚吐司片均匀地蘸裹上牛奶蛋液。

3 取一平底锅加热后放入奶油，将裹上蛋液的吐司放入，以小火煎至吐司两面金黄盛盘，再淋上蜂蜜，涂抹上草莓酱即可。

小提示

草莓吐司

● 草莓吐司对胃肠道不适有一定的滋补调理作用。

紫菜包饭

🍱 原料

紫菜1片，米饭1小碗，火腿肠1根，蟹肉棒少许，胡萝卜1/4个，黄瓜1/4个，鸡蛋1个。

🍴 调料

熟芝麻、细盐各适量。

🍳 制作方法

1. 将寿司帘平铺在案板上，铺上一层保鲜膜，再铺上一片紫菜，将预热的米饭均匀地铺在紫菜上面，四边各留0.7厘米的边，鸡蛋打散，下油锅煎成蛋皮，切成条备用。火腿肠、胡萝卜和黄瓜都切成条，蟹肉棒洗净汆熟备用。
2. 在米饭上撒上熟的芝麻和一层细盐，将胡萝卜条、蟹肉棒、黄瓜条、火腿肠条和蛋皮条码在饭上。
3. 双手提起寿司帘两头，慢慢开始轻压着往里卷，卷的时候不要将保鲜膜卷进去。
4. 卷好后，收口朝下放置。
5. 用刀切成小块装盘即可。

> **小提示**
>
> 紫菜包饭
> ● 该食品富含胆碱和钙、铁，能增强记忆力，促进骨骼、牙齿的生长。含有一定量的甘露醇，可作为消除水肿的辅助食品。

🥗 原料

熟米饭1大碗，黄瓜1根，蟹肉棒2根，鸡蛋1个，寿司专用海苔适量。

🍴 调料

寿司醋、橄榄油、竹帘、食盐、白糖各适量。

🥄 制作方法

1. 取一容器，敲一个鸡蛋，在里面放一点食盐、一点白糖，然后搅成蛋液。
2. 在锅里放一点点的橄榄油，倒一半的蛋液进去，摊成蛋皮。
3. 接着把黄瓜洗净，切成条，蛋皮、蟹肉棒均切碎，混合均匀。
4. 把米饭倒入碗中，倒进寿司醋，用勺子拌匀。
5. 在竹帘上放一张海苔，把米饭均匀地铺在上面。
6. 再逐一铺上黄瓜条、蛋碎和蟹肉棒碎。
7. 用竹帘把东西都卷起来，压实。
8. 收口朝下，用刀切成小块装盘即可。

> **小提示**
>
> 日式寿司
> ● 该寿司有助于脾胃虚寒所致的食欲减少、气短无力等症的缓解。

日式寿司

蒜香烤吐司

原料

厚吐司1片，蒜末1茶匙，蒜苗末1/4茶匙。

调料

白糖1小匙，食盐1/8茶匙，奶油1大匙。

制作方法

1. 先将蒜末、蒜苗末、奶油、白糖和食盐均匀混合成抹酱。
2. 再将吐司放入烤箱烤至表面略黄，取出涂上抹酱，再放入烤箱以180℃烤约3分钟即可。

小提示

蒜香烤吐司
● 该吐司含有较为丰富的微量元素，尤其是钾和磷的含量较高。

黄金吐司
● 该吐司含有能促进维生素C吸收的维生素P，能够促进维生素C的利用。

黄金吐司

原料

厚吐司1片，葱末1/4茶匙，红、青椒丁适量，奶油1大匙。

调料

食盐、食用油各适量。

制作方法

1. 先将葱末、红椒丁、青椒丁、食盐和奶油均匀混合成抹酱。
2. 再将吐司裹满油放入烤箱烤至表面成金黄，取出涂上抹酱，再放入烤箱以180℃烤约5分钟即可。

芝士蛋糕

🐚 原料

牛奶200克，低筋面粉40克，鸡蛋5个，面糊适量。

🍴 调料

白砂糖80克，奶油芝士200克。

🎵 制作方法

1. 将牛奶、奶油芝士隔水加热软化搅拌至无颗粒，备用。
2. 将面糊内加入蛋黄搅拌均匀。
3. 筛入低筋面粉搅拌均匀。
4. 蛋清打发，加1/3的白砂糖，余下的白砂糖分2次加入，将蛋清搅打成湿性发泡接近干性的程度。
5. 将打发好的蛋清，取1/3与面糊搅拌均匀，再将余下蛋清分2次与面糊搅拌均匀。
6. 将蛋糕糊倒入模具中，烤箱的烤盘中装放开水水位约1厘米高，提前10分钟135℃预热，模具放中层烘烤70~80分钟即可。

小提示

芝士蛋糕
● 芝士能够提高人体的抵抗能力，并且对于人体的新陈代谢有促进作用，常吃有美容和保护视力的功效。

香煎猪排堡

🐷 原料

汉堡包1个，猪排1片，小黄瓜1/4根，西红柿1/3个，生菜2片，洋葱圈适量。

🍴 调料

蒜末1/4茶匙，葱段5克，姜1片，酱油1/2茶匙，白糖1/4小匙，淀粉1/4小匙，食用油、沙拉酱各适量。

🥄 制作方法

1. 将蒜末、葱段、姜、酱油和白糖混合制成腌料，猪排先以腌料腌制30分钟，拍上淀粉，再取出放入油锅煎至两面上色至熟成猪排。
2. 小黄瓜洗净切薄片，西红柿洗净切片，生菜洗净后，沥去水分。
3. 汉堡包内涂上部分沙拉酱，先放入生菜，再放上猪排、小黄瓜片、洋葱圈、西红柿片和生菜，淋上剩余沙拉酱即可。用餐时可搭配薯条一块食用。

小提示

香煎猪排堡
● 猪排具有滋阴润燥、益气补血的功效，适宜于气血不足、阴虚食欲缺乏者。

原料

面粉300克，香蕉1/2根，草莓3个，猕猴桃1个，苹果1个，橘子果肉少许。

调料

橄榄油、食盐、白砂糖、奶酪、干酵母粉各适量。

 制作方法

1. 将干酵母与面粉稍微拌匀，再加入橄榄油、食盐、白砂糖揉匀成面团。
2. 将面团进行基本发酵约35分钟，待面团体积膨胀为两倍大。
3. 将发酵好的面团擀成圆饼，以手指将边缘按厚，中央用叉子均匀叉出小洞，二次发酵。
4. 将饼底放入抹油的烤盘中，撒上少许奶酪、白糖。
5. 将香蕉切片，草莓对半切开，猕猴桃、橘子果肉、苹果均切块，均匀铺在中间。
6. 最后把奶酪覆盖在水果丁上。
7. 将饼皮移入预热200℃的烤箱中，烘烤5~8分钟；奶酪表面呈金黄色后，即可取出。

> 小提示
>
> 水果比萨
> ● 水果含有的膳食纤维不仅能够降低胆固醇，而且可以帮助消化，清除体内有害代谢物。

水果比萨

肉松寿司

🐽 原料

鸡蛋200克，肉松150克，胡萝卜、黄瓜、蟹棒各适量。

🍳 调料

沙拉酱、油各适量。

🥄 制作方法

 鸡蛋打散成蛋液，油锅烧热，倒入蛋液煎成蛋皮。

② 胡萝卜、黄瓜洗净，切成条，蟹肉棒切段。

③ 将蛋皮铺开，涂上沙拉酱，放上胡萝卜条、黄瓜条、蟹肉棒和肉松，卷成卷，切块即可。

小提示

肉松寿司
● 肉松具有柔软酥松、绵而不腻、味鲜香浓等特点，且易于人体消化吸收。

🍲 原料

香菇3朵，芦笋2根，黄瓜1根，鲜虾3尾，寿司卷帘1个，蟹棒2根，虾卵、寿司饭、海苔各适量。

🍴 调料

食盐适量。

🥄 制作方法

1. 滚水中加入少许食盐溶化，将芦笋洗净放入沸水中汆烫，捞出切成小段备用。
2. 香菇切丝备用，鲜虾洗净，入沸水汆熟后去头尾剥壳后备用。
3. 蟹棒切成小段。
4. 黄瓜洗净切成小段。
5. 卷帘上铺一张保鲜膜，摆上海苔，平铺一层寿司饭，把虾卵均匀铺撒在饭上后，将海苔翻面，再平铺一层寿司饭并铺撒虾卵，然后将全部的材料放上，卷成寿司卷即可。

小提示

锦绣花寿司
● 芦笋能清热利尿、补硒降压。

锦绣花寿司 ▷

西多士

 原料

面包3片,鸡蛋2个,芝士1片,午餐肉适量。

调料

食用油、沙拉酱各适量。

 制作方法

① 午餐肉放锅里煎一下。

② 面包去边。

③ 鸡蛋打碎在盘子里。

④ 面包片单面涂抹沙拉酱。

⑤ 放上煎好的午餐肉,撒上芝士。

⑥ 盖另外一片,用刀压紧。

⑦ 面包片全部沾上蛋液,放少油锅里煎。

⑧ 煎至金黄就可以出锅,切开食用。用餐时可搭配牛骨浓汁一块食用。

小提示

西多士
● 午餐肉具有提高免疫力、开胃消食的功效。